U0121365

家庭醫學保健
66

從誕生到一歲的

嬰兒日記

林慈姮／編著

前　言

　　育兒最重要的一件事情，就是要儘早掌握嬰兒的個性。事實上，嬰兒自出生的那一刻起，就會開始展現各種個性。

　　除了餵奶之外，有些嬰兒總是在睡覺，有些會不斷哭泣，但是一旦抱起就停止哭泣，也有一些不斷看著四周而自己玩。每個嬰兒都和大人一樣，具有不同的個性。雖然他們還很小，但實際上他們卻已經顯現出明顯的個性。

　　如果母親能夠儘早了解嬰兒的個性，並妥善掌握，則可說已經開始成功的育兒了。

　　例如，孩子不愛吃飯、體格嬌小、發育較差、說話較遲等，與其他的嬰兒比較起來，總是令父母擔心這、擔心那的，不但對育兒不會產生好的影響，反而還會因此忽略了嬰兒好的一面，只注意到嬰兒不好的一面。如果母親每天在這種很不舒服的狀況下和嬰兒接觸，當然無法使嬰兒的個性和能力充分發揮出來。

　　如果父母每天以嶄新的心情嘗試發現孩子不同的個性，那麼一定可以快樂的育兒。

　　所謂良好的育兒並不是每天全心投入、孜孜不倦……非常緊張的想要培育出優秀的孩子，而是父母本身和嬰兒一起成長，以自然的心態面對嬰兒。

本書特徵
・每個月的育兒重點，分為五大主題。分別是Growth成長、
　發育的目標、Food嬰兒的營養、Contact母親與嬰兒、
　Health健康育兒、Extra Advice安心育兒等。本書採用
　的是以月為單位的育兒參考，而不是當週嬰兒在該項目
　的發展。
・除了Growth成長、發育的目標之外，其他四個項目都有
　檢查欄，請利用紀錄日記的方式加以檢查。

目　錄

出生的記錄

剛出生時

　　　　　　　年　　　月　　　日(星期　　)　　　時　　　分

　　天氣(　　　　　　　　　　　　　　　　　　　　　　)

出生時

出生時的狀況

　　身高　　　cm　體重　　g　頭圍　　cm　胸圍　　cm

　　記錄

姓名

　　願望

出生時的手形和腳形

記錄手形的日期　　　年　　　月　　　日

記錄腳形的日期　　　年　　　月　　　日

0個月的嬰兒

Growth ···· 成長、發育

◎成長、發育的目標

◆0個月嬰兒的狀況

出生後一個月內的嬰兒稱為新生兒。這個時期的嬰兒除了喝牛奶之外，幾乎都在睡覺，可說沒有晝夜的區別。肚子餓的時候就哭泣，吃飽了之後就睡覺，生活的步調就交給嬰兒吧！當嬰兒睡覺時，母親就跟著他一起休息，好好調養自己的身體。

嬰兒的眼睛對於一切光會產生反應，但是，還無法看得非常清楚。耳朵聽到大的聲音時，會出現嚇一跳的反應。

體重在出生後兩、三天內會減少，大約在一週時恢復出生時的體重。通常體重一天增加的速度為30到40公克。體重在授乳前後會有所差異，所以不要每天測量。不要因為「今天沒有增加」而感到擔心，只要注意一週的體重變化就可以了。

月　　　日 ＜ 星 期　＞	
月　　　日 ＜ 星 期　＞	
月　　　日 ＜ 星 期　＞	
月　　　日 ＜ 星 期　＞	
月　　　日 ＜ 星 期　＞	
月　　　日 ＜ 星 期　＞	
月　　　日 ＜ 星 期　＞	
MEMO	體重　　　　kg

Food · · · · · · · · · · · 食物

◉嬰兒的營養

❖你是否因為母乳分泌不足而感到灰心呢？

❖有些人分娩後一個月才剛開始泌乳。你是否持續讓嬰兒吸乳呢？

❖你是否餵嬰兒喝初乳呢？

❖你是否進行乳頭和乳房的按摩呢？

乳房和牛奶

一般人大都認為婦女在生產後很自然就會分泌出母乳，因此常有許多母親因為無法泌乳而感到煩惱。每位母親的狀況都相同，也就是說，剛開始泌乳時較困難。如果你希望以母乳育兒時，則即使剛開始的分泌狀況不佳，也應該不斷的讓嬰兒吸乳，讓嬰兒吸吮乳頭非常重要，尤其是初乳（產後數天分泌出來的母乳），其中含有許多可增強嬰兒抵抗力的成份，所以應該盡量讓嬰兒吸吮。

如果嬰兒的體重沒有增加，餵乳時嬰兒吸吮了三十分鐘以上仍然不願意離開乳頭，還是拼命吸吮，甚至吸吮了一個鐘頭以上仍然覺得不夠而哭泣時，則表示母乳量不足，這時就必須添加牛奶了。有些母親非常執著要讓嬰兒吸食母乳，而不讓他喝牛奶。因母乳不足而煩惱的母親，又拒絕使用牛奶時，就會使得壓力積存。因此，這時就應配合牛奶餵食。

嬰兒出生一個月內應該讓嬰兒吸吮母親的乳頭，如果認為量不足時再添加牛奶，千萬不要灰心。嬰兒的吸吮可刺激荷爾蒙分泌，增加泌乳量。甚至有少數母親在分娩後一個月後才開始泌乳。

月　　日 ＜星期　　＞	
月　　日 ＜星期　　＞	
月　　日 ＜星期　　＞	
月　　日 ＜星期　　＞	
月　　日 ＜星期　　＞	
月　　日 ＜星期　　＞	
月　　日 ＜星期　　＞	

MEMO	體重　　　　kg

Contact ········· 接觸

⦿ 母親與嬰兒

❖ 餵奶時看著嬰兒的眼睛。

❖ 餵奶或換尿布時有沒有和嬰兒說話？

❖ 是否注意到嬰兒喜歡被抱。擁抱是非常重要的肌膚之親。

❖ 對於哭泣中嬰兒的呼喚你是否回應？

為什麼哭泣呢？

嬰兒還不會說話時，任何狀況都以哭的方式表達。

對於第一次當媽媽的人而言，看到嬰兒白天哭泣晚上也哭泣時，大概連自己也想跟著哭了。但孩子不會一直哭泣下去的，等到孩子成長之後，你會覺得那段孩子哭泣的日子也蠻值得懷念的。因此，對於哭泣中的嬰兒不要放任不管，應該對於嬰兒的哭泣聲有所回應。

嬰兒哭泣的理由主要有「肚子餓了」、「尿布濕了」、「衣服穿得不舒服」、「太冷或太熱」、「想睡卻無法睡」等。等到母親習慣之後，一聽到嬰兒哭泣，就知道他為什麼哭了。首先，應該檢查他的尿布、餵他喝奶、檢查衣服是否合適等，找出令嬰兒不愉快的原因並為他除去。

當嬰兒的哭聲和平時不同，尿片沒有濕，也剛喝過牛奶，抱著他仍然不斷哭泣，出現這種狀況時，妳就必須懷疑嬰兒是否生病了。當母親覺得不太對勁時，為求慎重起見，還是立刻帶到小兒科去檢查吧！

月　　　日 ＜ 星 期　＞	
月　　　日 ＜ 星 期　＞	
月　　　日 ＜ 星 期　＞	
月　　　日 ＜ 星 期　＞	
月　　　日 ＜ 星 期　＞	
月　　　日 ＜ 星 期　＞	
月　　　日 ＜ 星 期　＞	

MEMO　　　　　　　　　　　　體重　　　　kg

◉健康育兒

❖ 是否每天為嬰兒洗澡？

❖ 是否仔細為嬰兒洗臉部、頸部、腋下等部分呢？

❖ 是否小心的為嬰兒換尿布呢？

❖ 母親本身的手部、乳頭、奶瓶等用具是否充分清潔呢？

不要忘了清潔肌膚

許多母親帶嬰兒進行一個月的健康檢查時，都會因為嬰兒濕疹而感到煩惱。嬰兒的眉毛部分和額頭部位長出黃色的脂漏，常見於一個月大左右的嬰兒。如果放任不管，會引起發炎、濕疹。如果嬰兒的臉上出現這種脂漏時，只要利用洗澡時用普通的香皂清洗就可以了。脂漏只要用肥皂多清洗幾次，很自然就可以消除。千萬不要用手指去除脂漏。如果出現發炎症狀時，就必須帶給醫生檢查。

嬰兒的新陳代謝旺盛，比大人容易流汗。同時因為使用尿片的原因，屁股容易骯髒，因此即使是冬天，也要每天洗澡。對於嬰兒而言，洗澡時間不僅令他感到神清氣爽，還能促進新陳代謝。為了防止細菌感染，在肚臍尚未完全乾燥之前，為嬰兒洗澡時應該以紗布保護肚臍及其周圍。嬰兒的肚臍乾燥之後，則即使和大人一起洗澡也沒有什麼關係。但是，最好在嬰兒一個月大之後才這麼做。

至於尿布方面必須注意的是，應該勤於檢查。新生兒期的嬰兒一天大約排尿10到20次，排便次數較多的嬰兒會多達8到10次，次數相當多。

月　　日 ＜ 星 期 　＞	
月　　日 ＜ 星 期 　＞	
月　　日 ＜ 星 期 　＞	
月　　日 ＜ 星 期 　＞	
月　　日 ＜ 星 期 　＞	
月　　日 ＜ 星 期 　＞	
月　　日 ＜ 星 期 　＞	

MEMO	體重　　　　kg

Extra Advice ···· 忠告

◉安心育兒

❖ 每個媽媽都有睡眠不足的煩惱。和嬰兒一起休息吧！

❖ 是否獨自煩惱呢？

❖ 是否有商量問題的前輩和媽媽、婆婆呢？

❖ 並不是每一個孩子都能照育兒書教養，千萬不要喪失自信心。

母親的心態

所謂「產後憂鬱症」，是指母親在生產後精神狀態處於不安定的狀態，有些會經常想哭泣、焦躁、覺得心情無法穩定下來。這些症狀是受到荷爾蒙的影響所致。或是還不習慣照顧嬰兒，因此，在生活上感到非常疲憊而產生的。每位母親或多或少都有一些差異，但這是每位母親都會產生的症狀。大部分的母親都會有「根本無法睡覺」、「不知道該怎麼辦才好」、「母乳一直無法順利分泌、好像一天到晚都在餵奶」、「被家事和育兒壓得喘不過氣來」等困擾，覺得有了小孩之後，生活比想像中還要繁重多了。

產後憂鬱症最常見於對凡事要求完美，以及較有神經質傾向的人身上。請丈夫和祖父母幫忙，協助料理家事，不要一手包辦所有的家務，這點非常重要。因為母乳始終分泌不順利，因而顯得非常焦躁的母親，可以暫時將孩子交給家人照顧，花三個鐘頭的時間上美容院洗洗頭髮，讓自己清爽一些，並和其他人聊聊天，也許可以使自己的心情變為開朗。因為照顧嬰兒非常疲累時，也可以聽聽自己喜歡的音樂、和朋友聊聊天，都有助於緩和情緒。

月　　　日 <　星　期　　＞	
月　　　日 <　星　期　　＞	
月　　　日 <　星　期　　＞	
MEMO	Weight　　　kg

★專欄★嬰兒用品活用術

嬰兒用品的使用期間非常有限，因此有許多母親喜歡用租用的方式。我們來聽聽專家的建議。

幾年前開始流行嬰兒用品出租，較普遍的物品是嬰兒床，但是現在最流行的是數字顯示位置測定裝置。嬰兒用品出租最普遍的前三名是：

第一名　　數字顯示位置測定裝置

第二名　　嬰兒手推車

第三名　　嬰兒床

一個月的嬰兒

Growth ···· 成長、發育

◎成長、發育的目標

◆一個月嬰兒的狀況

原來模模糊糊的視線和焦點都已經快要固定了，當母親的臉靠近時，他會一直盯著看。如果將玩具拿在他的眼前移動時，他的眼珠子也會慢慢隨著玩具的移動而轉動。

清醒的時間稍微長了一點，但是還沒有明顯的晝夜區別，生活沒有規律，有時母親會煩惱為什麼孩子總是晝夜顛倒。與其一直煩惱孩子在夜裏睡不著，倒不如利用白天孩子清醒時陪他玩，讓他醒的時間盡量長一點，慢慢讓孩子區別晝夜的差異。

體重通常一天大約增加30到40公克，出生一個月後體重約增加一公斤左右。但是，成長速度也因個人而有差異。

月　　日 <星 期　>	
月　　日 <星 期　>	
月　　日 <星 期　>	
月　　日 <星 期　>	
月　　日 <星 期　>	
月　　日 <星期　>	
月　　日 <星 期　>	

MEMO	體重　　kg

Food ·········· 食物

◎嬰兒的營養

❖母乳是否順利分泌？

❖是否將喝剩的母乳擠乾淨？

❖即使餵孩子喝牛奶，是否讓孩子吸吮母乳呢？

❖乳頭是否出現異常狀況？

授乳的個人差異

有些人可以分泌大量母乳，但是有些人卻幾乎沒有母乳。有些孩子的吸吮力非常強，但是有些孩子的吸吮力則非常弱。授乳有各式各樣的狀況，授乳量也因個人而有差異。嬰兒到了一個月大時，授乳仍然沒有規律的也不少。當嬰兒想要吸吮時，就讓他盡情的吸吮吧！不過次數不要太頻繁，以養成規律。不要因為嬰兒哭泣，就馬上餵乳。如果授乳的次數過於頻繁，則母親無法充分休息。如果孩子喝過母乳後還想喝奶，仍要注意一天不要超過1000ml以上。

為了使母乳分泌順暢，授乳之後必須將剩餘的母乳完全擠乾淨，這點非常重要。因為乳腺會再分泌新的母乳，如果舊的母乳一直留在乳房內，會造成乳房或乳腺發炎。進行一個月健診時，如果母乳沒有什麼問題，就可以用母乳繼續餵食，當母乳不足時，醫生會建議添加牛奶。

月　　　日 ＜星 期　＞	
月　　　日 ＜星 期　＞	
月　　　日 ＜星 期　＞	
月　　　日 ＜星 期　＞	
月　　　日 ＜星 期　＞	
月　　　日 ＜星期　＞	
月　　　日 ＜星 期　＞	

MEMO　　　　　　　　　　　　體重　　　　kg

Contact ········· 接觸

◉ 母親與嬰兒

❖ 你是不是一直讓嬰兒躺在床上呢？

❖ 應該為嬰兒準備會發出聲音的玩具了。

❖ 是否經常對嬰兒講話呢？

❖ 餵奶時是否抱抱嬰兒呢？

嬰兒醒著時陪他一起玩

這個時期的嬰兒眼睛會一直盯著東西看，當他正在哭泣時，如果聽到母親的聲音，可能就會停止哭泣，母親和嬰兒建立信賴關係。此外，在這個時期刺激嬰兒的腦可以促進嬰兒的腦部發育，所以當嬰兒醒著時，應該盡量陪他一起玩。

這時期的嬰兒，對於會發出聲音或是紅色的玩具充滿興趣。他的眼睛會隨著玩具的移動而移動，而且他會用五隻手指嘗試握住玩具，這個時候請一邊和他說話一邊陪他玩。

有時候讓孩子趴著也是一種不錯的運動，如此一來可以使他的脖子早一點穩定。但這並不是要訓練他，所以千萬不可以勉強，應該要以遊戲的方式進行。讓孩子趴在棉被上，不過當他哭泣時，就不要勉強進行，應該停止。

這時期的嬰兒，仍然有晝夜顛倒的狀況。為了讓孩子養成生活規律，所以當孩子白天清醒時，應該盡量陪他玩，給他刺激，慢慢增加孩子白天清醒的時間，逐漸讓孩子養成區別晝夜的能力。

月　　　日 <　星　期　　＞	
月　　　日 <　星　期　　＞	
月　　　日 <　星　期　　＞	
月　　　日 <　星　期　　＞	
月　　　日 <　星　期　　＞	
月　　　日 <星期　　＞	
月　　　日 <　星　期　　＞	
MEMO	體重　　　kg

Health ·········· 健康

◉健康育兒

❖ 是否已經開始空氣浴？

❖ 是否打開窗簾讓外面的新鮮空氣流入？

❖ 腳部活動開始活潑。是否讓孩子穿著容易活動的衣服呢？

❖ 當孩子哭泣時只要抱到戶外走走，有時他就會停止哭泣。

空氣浴

嬰兒出生一個月後就可以開始進行空氣浴。首先，打開對外的窗戶，讓戶外的新鮮空氣流入。抱孩子到陽台走走也很好。這是一天之中最容易度過的時間，應該慢慢的讓孩子習慣戶外的空氣。空氣浴對於嬰兒的皮膚和黏膜會產生良好的刺激，藉以強化呼吸器官，促進新陳代謝。

看到與平常不一樣的景色，涼風吹拂，嬰兒會感到非常舒服。當嬰兒正在哭泣時，只要抱到戶外走走，他就會停止哭泣。習慣了戶外的風之後，可以抱嬰兒到住家附近走一走。不要認為嬰兒不可以吹風。嬰兒應該和母親一起愉快的享受新鮮的空氣。

月　　日 ＜星期　　＞	
月　　日 ＜星期　　＞	
月　　日 ＜星期　　＞	
月　　日 ＜星期　　＞	
月　　日 ＜星期　　＞	
月　　日 ＜星期　　＞	
月　　日 ＜星期　　＞	

MEMO　　　　　　　　　體重　　kg

Extra Advice ···· 忠告

◉安心育兒

❖是否所有事情都要求完美？

❖是否還待在家裏沒有外出呢？

❖上班族婦女是否已經找到保母了呢？

❖是否得到父親的協助呢？

職業婦女育兒

各職業場所對於產假有一定的規定，有些公司也有父親陪產假。產假後必須返回工作單位的母親，應該事先和工作單位商量好。

母親在產後繼續上班，最重要的問題就是托嬰問題。生產前就應該開始找保母，或是將孩子托給自己的媽媽、婆婆等人照顧。

選擇托嬰場所時，必須注意其設備、保母家中的孩子數、環境、清潔，以及整體的氣氛等。每天是否方便接送以及托嬰費用等也是重點。此外，如果嬰兒突然發燒時，保母通常不願意接受，也必須事先考慮特殊狀況時的嬰兒照顧問題。

夫妻雙方都必須上班時，兩人同心協力是非常重要的。

月　　日 ＜ 星 期　＞	
月　　日 ＜ 星 期　＞	
月　　日 ＜ 星 期　＞	
MEMO	體重　　　　kg

二個月的嬰兒

Growth ···· 成長、發育

◉ 成長、發育的目標

◆二個月嬰兒的狀況

　　嬰兒表情非常豐富，如果你逗弄他，他就會以笑臉回應。當他心情好的時候，會發出「啊」、「嗚」的聲音。這些稱為「喃語」，這就是語言的原型。對於嬰兒的呼喚，應該不斷的加以回應。這麼做，可以促進嬰兒語言以及內心的發育。

　　通常體重一天平均增加25到30公克左右。但仍有個人差異，所以只要嬰兒的身體狀況良好、精神狀況良好，比其他嬰兒大一點或小一點都不必煩惱。

　　有些嬰兒會開始吸吮手指頭了。有些母親會擔心嬰兒吸吮手指頭，但這是成長的過程之一，因此，不必過於勉強孩子。

月　　日 <星　期　>	
月　　日 <星　期　>	
月　　日 <星　期　>	
月　　日 <星　期　>	
月　　日 <星　期　>	
月　　日 <星期　>	
月　　日 <星　期　>	
MEMO	體重　　　kg

Food ··········· 食物

◎嬰兒的營養

❖ 授乳是否有規律？

❖ 是否給孩子喝果汁？

❖ 喝果汁時是否用湯匙呢？

❖ 是否勉強孩子喝果汁呢？

首先讓孩子喝果汁吧

斷奶的第一個準備動作，就是慢慢的讓嬰兒喝果汁。有些人從嬰兒一個月大時開始讓他喝果汁，但並非一定要這麼早開始。有些人在孩子三個月大時開始讓他喝果汁。開始給予的時期必須看嬰兒的狀況來決定。讓孩子喝果汁的目的，就是要讓嬰兒習慣牛奶之外的其他味道，並讓他習慣喝湯。在孩子沐浴後、喉嚨乾渴時，就可以讓他喝一些果汁。

只要是季節性水果做成的果汁，都可以給孩子喝。較常使用的是蘋果。將蘋果去皮之後用清潔的紗布擠汁。剛開始喝的時候可以用開水稀釋，等到孩子習慣之後，再給他喝原汁。具有酸味的的果汁先稀釋之後，較容易喝下。

讓孩子喝果汁時，可以配合排便的狀況決定飲用量，在孩子三個月大之前，每一次的量最好不要超過50cc。最重要的是，不要妨礙授乳的時間才讓嬰兒喝果汁。第一次嘗試奶味之外奇怪味道的嬰兒，也許會嚇一跳，會試著用舌頭舔湯匙。如果嬰兒不喜歡喝，就不要勉強他，千萬不要著急，等他心情好的時候再讓他試試看吧！

月　　日 <星 期　>	
月　　日 <星 期　>	
月　　日 <星 期　>	
月　　日 <星 期　>	
月　　日 <星 期　>	
月　　日 <星 期　>	
月　　日 <星 期　>	
MEMO	體重　　　kg

Contact ········· 接觸

⊙ 母親與嬰兒

❖ 是否進行空氣浴呢？
❖ 當嬰兒習慣空氣浴之後，可經常帶他到戶外散步。
❖ 是否陪嬰兒一起玩？
❖ 當嬰兒躺在床上時，是否和他說話？

出去散步吧

當嬰兒習慣空氣浴之後，就應該在每天的活動中安排散步時間。戶外的風可以使人心情很好。不但可以刺激嬰兒，也可以使母親的心情放鬆。利用一天之中最悠閒的時間到附近的公園走一走。如果當時陽光溫和，就可以坐在公園的長椅上，脫下鞋子，讓手腳都進行日光浴。但不一定要從這個時期開始每天帶嬰兒到戶外散步，不必每天強迫自己做這個活動。天氣寒冷時，或是母親的身體不舒服時，就不必外出。散步只是為了讓嬰兒感到很舒服，而母親也可以完全放鬆自己。

利用嬰兒手推車帶孩子散步非常方便。手推車分為可讓嬰兒躺下的，以及只能坐著的車型。這個時期嬰兒的頸部還沒有十分固定，可以考慮使用可以讓孩子躺下的手推車，同時必須注意避免強烈的陽光直射嬰兒的眼睛。

當嬰兒的頸部穩定之後，也可以使用抱著使用的支撐物。不過在頸部尚未完全穩定之前，必須選擇可以支撐全身的支撐物再抱嬰兒。

34

月　　日 ＜ 星 期　＞	
月　　日 ＜ 星 期　＞	
月　　日 ＜ 星 期　＞	
月　　日 ＜ 星 期　＞	
月　　日 ＜ 星 期　＞	
月　　日 ＜星期　＞	
月　　日 ＜ 星 期　＞	

MEMO	體重　　　kg

Health · · · · · · · · · 健康

◉健康育兒

❖是否每天為嬰兒洗澡、保持清潔？

❖是否為嬰兒剪指甲？

❖是否注意嬰兒有心情好和心情不好的時候？

❖是否經常注意嬰兒的排便狀況呢？

注意嬰兒的排便

新生兒一天排便好幾次，但次數會逐漸減少。有些母親會因為嬰兒便秘而感到煩惱。便秘是因為糞便過於乾燥，所以不容易排出來。即使嬰兒 2 到 3 天未排便，但只要後來能排出柔軟的糞便，就不必擔心了。這個時期的嬰兒不太容易發生便秘現象。

但如果嬰兒 4 到 5 天仍然未排便時，就必須注意嬰兒是否腹部不舒服，或是身體出現異常狀況。這時可以利用棉花棒為嬰兒灌腸。將棉花棒的尖端沾上嬰兒油，一邊旋轉一邊插入肛門，一直到棉花棒差不多完全伸進去為止，反覆進行好幾次。有時候一邊進行摩擦時，糞便就排出來了，所以必須在尿片上進行。雖說經常利用藥物灌腸會造成習慣性依賴藥物，但利用棉花棒的方式就不必擔心這個問題。

此外，也可以讓孩子喝一些柑橘類果汁。喝果汁具有軟便的效果。在肚臍表面輕輕的畫圓形進行按摩也有效果。

月　　日 ＜星期　＞	
月　　日 ＜星期　＞	
月　　日 ＜星期　＞	
月　　日 ＜星期　＞	
月　　日 ＜星期　＞	
月　　日 ＜星期　＞	
月　　日 ＜星期　＞	

MEMO	體重　　　kg

Extra Advice ···· 忠告

◎安心育兒

❖ 是否和丈夫談論育兒方面的困擾？
❖ 是否和丈夫商量育兒的方法？
❖ 母親是否感受到非常大的壓力？
❖ 是否和有相同年紀孩子的母親互相交換資訊呢？

是否習慣和嬰兒一起生活

　　母親與嬰兒一起生活 3 個月後，就已經習慣了授乳及換尿片的時間性。比起剛開始時，身體上的疲勞已經減輕了，但是精神方面如何呢？是不是還感到非常的焦急呢？

　　母親們都會感覺到自己的時間比以前少了很多，對於這些母親而言，也有人感覺到「只有我自己這麼辛苦」。這種想法會造成夫妻的關係惡化，也會增加育兒的壓力。如果你真的覺得自己受不了時，就應該直接和丈夫商量，夫妻之間應該充分溝通。

　　父親幫忙照顧孩子並不是只限於為孩子洗澡、換尿布而已，也應該當妻子精神上的支柱。一定要好好聽妻子訴苦，並且給予妻子精神上的安慰。

　　到公園散步時，你也許可以碰到帶著相同年齡孩子的母親吧。你們可以變成朋友，互相交換心得。不要獨自煩惱而經常想不開，不要凡事獨自思考。當你覺得育兒工作很辛苦時。你應該擺脫一人獨自煩惱,對外尋求解決之道。

月　　　日 <　星　期　　>	
月　　　日 <　星　期　　>	
月　　　日 <　星　期　　>	
MEMO	體重　　　　kg

★專欄★產後2個月起就有可能再懷孕！

　　生產後再次開始出現月經的時間具有個人差異，有些人產後3個月月經就來了，也有些人1年後才開始出現月經。

　　如果因為還沒有月經就沒有避孕，你可能很意外的又懷孕了。不要忘了，排卵發生在月經開始之前。我們無法確定何時會排卵。

　　不過，因為分泌母乳的關係，排卵的時期會比較晚。但也並不是說餵母乳的期間就絕不可能排卵。

　　如果不想立刻再懷孕時，應該在產後第一次性行為開始，就必須要避孕。

　　如果母親在生產後又立刻懷孕時，對於正在照顧新生兒，被壓得喘不過氣的母親而言，會形成另外一種壓力。此外，餵嬰兒母乳也可能造成流產，因此最好還是避免再次懷孕。最理想的間隔，是在半年或一年後再受孕。

如果計劃再次受孕時，必須和丈夫溝通，最好妥善計劃，以免造成母親或嬰兒意外的負擔。

三個月的嬰兒

Growth ···· 成長、發育

◎成長、發育的目標

◆三個月嬰兒的狀況

　　嬰兒已經可以分辨母親的臉和聲音了。同時他開始對自己的手感到興趣，會不停活動雙手並盯著雙手看。想要抓取出現在眼前的東西。

　　三個月的發育目標，是讓頸部非常穩定，所謂頸部穩定，就是將孩子抱起來時，即使沒有將手放在他的頸部後面，他的頭部也不會隨意搖晃。頸部固定的時期也具有個人差異，即使到了孩子三個月大時，頸部還沒有穩定，仍然不必太擔心。體重則是平均一天增加20公克，體重增加的速度比先前更緩慢。到三個月底時，體重大約為出生時的兩倍。當然，這也具有個人差異，所以不必和其他孩子一一比較。

月　　日 ＜星 期　＞	
月　　日 ＜星 期　＞	
月　　日 ＜星 期　＞	
月　　日 ＜星 期　＞	
月　　日 ＜星 期　＞	
月　　日 ＜星 期　＞	
月　　日 ＜星 期　＞	

MEMO　　　　　　　　　　　體重　　　kg

Food ·············· 食物

◎嬰兒的營養

❖ 授乳是否有規律？
❖ 是否給嬰兒喝果汁？
❖ 嘗試給嬰兒喝蔬菜湯。
❖ 使用湯匙餵嬰兒食物。

授乳與斷奶食的準備

授乳的時間大致上已經決定了，大約一天五次左右。而且到了這個時候，晚上也幾乎不必起來餵奶了，晚上應該可以睡得好一點。有些孩子因此出現喝奶量減少的情況，但是只要體重增加，而且精神狀況良好時，就不需要擔心。如果餵奶的時間還不固定、體重沒有增加、晚上仍然必須持續餵奶時，就要考慮可能是母乳不夠。如果母乳不夠時就必須找醫生商量，可能必須添加牛奶補充。

此時可以開始準備斷奶食品了。當孩子習慣喝果汁之後，就可以開始讓他喝蔬菜汁。目的和喝果汁相同，是為了讓孩子熟悉母乳、牛奶以外的味道，並不是以營養為目的。

可以撈取味噌湯上部比較清澄的部分，或將蔬菜湯用湯匙餵孩子喝喝看。一點一點的餵食，千萬不要著急，並且觀察孩子排便的狀況，然後逐漸增加份量。味道盡量清淡一些，以大人喝起來好像沒有味道一樣就可以。當然，如果孩子不願意喝時也千萬不要勉強。如果食用量很小時，可以利用市售的嬰兒食品。

月　　日 ＜ 星 期　　＞	
月　　日 ＜ 星 期　　＞	
月　　日 ＜ 星 期　　＞	
月　　日 ＜ 星 期　　＞	
月　　日 ＜ 星 期　　＞	
月　　日 ＜ 星 期　　＞	
月　　日 ＜ 星 期　　＞	

MEMO　　　　　　　　體重　　　kg

Contact ········· 接觸

◉母親與嬰兒

❖是否愉快的散步？

❖嬰兒白天清醒時，是否陪他一起玩？

❖是否為嬰兒準備容易抓取的玩具呢？

❖是否常對他說說話呢？

抱和揹

先前一直採取橫抱的嬰兒，此時頸部已經開始堅硬了，所以可以把孩子立起來抱。利用支撐的揹袋較方便，也可以擴展母親和嬰兒的行動範圍。這個時候也可以將孩子揹起來了，有時候可以揹著孩子出去走一走，改變一下氣氛，嬰兒會覺得很高興。揹孩子時必須注意的是，母親的頭髮必須要盤起來。

抱嬰兒的時候，嬰兒和母親的身體是貼合在一起的，所以可以帶給嬰兒很大的安全感，使他感覺非常舒服。因目的地不同，可以利用嬰兒車或是抱、揹的方式。但外出的時間不要太長，必須配合嬰兒的狀況，不要勉強。

月　　日 ＜星　期　＞	
月　　日 ＜星　期　＞	
月　　日 ＜星　期　＞	
月　　日 ＜星　期　＞	
月　　日 ＜星　期　＞	
月　　日 ＜星　期　＞	
月　　日 ＜星　期　＞	

MEMO　　　　　　　　　體重　　　kg

◉健康育兒

- ❖是否接受三個月健康檢查？
- ❖體重是否順利增加？
- ❖知道孩子的體溫嗎？
- ❖是否讓孩子穿著太厚的衣服？

三個月大時喜歡黏著大人

每當傍晚時分，經常哭泣一個小時以上。這時不論是逗弄他，或是餵他喝奶，他仍然繼續哭鬧，令母親感到非常煩惱。在這種情況下，許多母親都會認為是因為已經抱習慣了，孩子非得要媽媽抱不可。

這就稱為黏人的第三個月，但這只是暫時性的情況，不必太擔心。因為哭泣經常出現在傍晚時分，所以又被稱為「傍晚哭泣」。原因目前仍然不清楚，但是一旦孩子出現這種反應時，就輕柔的將他抱起來，讓他有安全的感覺。嬰兒被母親抱著的感覺比什麼都好。當然這個時候也必須確定孩子是否肚子餓了、尿片濕了，也必須檢查孩子的衣服是否穿著合適。

月　　　日 <　星　期　　>	
月　　　日 <　星　期　　>	
月　　　日 <　星　期　　>	
月　　　日 <　星　期　　>	
月　　　日 <　星　期　　>	
月　　　日 <　星　期　　>	
月　　　日 <　星　期　　>	

MEMO　　　　　　　　　　　體重　　　kg

Extra Advice ···· 忠告

◎安心育兒

❖ 孩子會區別晝夜了嗎？
❖ 早上起床的時間是否已經固定了？
❖ 到了晚上是否想睡覺？
❖ 為嬰兒安排具有規律的生活。

有規律的生活

母親以往都是配合嬰兒的時間安排自己的作息，但是從這個時期開始，可以慢慢調整嬰兒的作息了。母親開始為嬰兒安排日常規律。如果沒有刻意為嬰兒創造早睡早起的規律生活，則嬰兒無法自然學會。

早上起床後用毛巾為嬰兒擦擦臉，讓他感受舒服、輕鬆的感覺。然後對他說「早安」。白天時帶他出去散步、讓他聽音樂，或是陪他一起玩，給嬰兒某種程度的刺激。如果白天的時候嬰兒充分活動，那麼到了晚上他就會睡得很好。此外，到了夜晚時必須為嬰兒創造一個安靜、適合睡覺的環境。

餵奶時間也應該有規律，間隔可以稍微拉長一些。不要當他一哭泣時就立刻餵他喝奶。可以先逗逗他、抱抱他，盡量安排規律的授乳時間。

但是也不要過於執著，必須具有彈性。當天氣狀況不佳時，可以不外出散步。有些媽媽會因為無法達成先前已經安排好的事情而感到煩躁，如此一來反而無法輕鬆的照顧孩子。絕對不要使自己和嬰兒的生活充滿焦慮和緊張。

月　　　日	
＜星期＞	
月　　　日	
＜星期＞	
月　　　日	
＜星期＞	
MEMO	體重　　　kg

四個月的嬰兒

Growth···· 成長、發育

◎成長、發育的目標

◆四個月嬰兒的狀況

　　嬰兒到了這段時期表情越來越豐富，逗弄他時會發笑，而且會經常喃喃自語。頭部會隨著移動的物體而擺動，呼喚他的名字時他會回應你。抓到任何東西時都塞入嘴巴裏。

　　90%的嬰兒頸部在這個時期已經穩定了。讓他趴著時，他可以用雙手撐起身體將頭抬起來，這個時候頭部、脖子和身體都發育得比較好了。頸部的挺直程度是觀察這個時期嬰兒發育狀況的重點。雖然頸部挺直的程度具有個人差異，但是如果過了四個月之後，頸部仍然搖搖晃晃的沒有辦法挺直時，就必須找醫生商量了。

　　嬰兒在這個時期會經常流口水。這也正是嬰兒發出必須開始攝取斷奶食品的訊號。不需要因為嬰兒流太多口水而感到擔心。

月　　日 ＜星期　＞	
月　　日 ＜星期　＞	
月　　日 ＜星期　＞	
月　　日 ＜星期　＞	
月　　日 ＜星期　＞	
月　　日 ＜星期　＞	
月　　日 ＜星期　＞	

MEMO　　　　　　　　　　體重　　　kg

Food ··········· 食物

◉嬰兒的營養

❖是否讓嬰兒喝各種果汁？
❖是否勉強孩子喝湯？
❖孩子是否討厭喝果汁或蔬菜汁呢？
❖是否讓孩子看父親或母親用餐的情形呢？

開始斷奶食品

以往嬰兒都是靠著母乳和牛奶而成長，但是為了讓他和大人一樣攝取相同的食物，最重要的過程，就是餵他吃斷奶食品。從嬰兒五個月大開始，光是給嬰兒喝母乳和牛奶，對他的成長而言是不夠營養的。所以就營養的補充方面而言，斷奶食品非常重要。除此之外，培養嬰兒咀嚼以及喝的能力，讓他了解各種食物的味道，這些對於建立孩子往後的飲食基礎而言，具有非常重要的任務。

斷奶食品在調理法和次數方面，大致可以分為初期的模仿期、中期的蠢動期、後期的咀嚼期這三大階段。一般而言，嬰兒在五個月左右到滿一歲可以完成這些階段。

開始期的目標是，①一直看著大人的飲食，②嘴巴開始蠢動，③開始流口水，④開始用湯匙喝湯。只不過斷奶食開始的時期，以及進食的方法、進食的量等具有很大的個人差異。千萬不要將自己的孩子和其他孩子的狀況相比，也不要著急，應該依照孩子的狀況一步一步慢慢來。如果在不愉快的狀況下用餐，則再怎麼美味的食物也會變成不可口，這一點對於大人和小孩來說都是一樣的。

月　　日 <　星　期　　＞	
月　　日 <　星　期　　＞	
月　　日 <　星　期　　＞	
月　　日 <　星　期　　＞	
月　　日 <　星　期　　＞	
月　　日 <　星　期　　＞	
月　　日 <　星　期　　＞	

MEMO	體重　　　　kg

Contact ········· 接觸

◉母親與嬰兒

❖ 拿到任何東西都送入嘴巴，是否注意玩具的清潔呢？

❖ 是否給孩子安全玩具？

❖ 為孩子準備沐浴用玩具。

❖ 對於嬰兒的呼喚是否回應呢？

嬰兒快樂的遊戲

嬰兒最喜歡的遊戲之一，就是「有沒有、有沒有、哇」。當答案是「沒有、沒有」時，他的思考方向是期待下一次，這時候嬰兒會非常喜悅，而這種感覺對於大腦是很好的刺激。 用手帕遮著嬰兒的臉，接下來將手帕拿下來，同樣的也可以用手帕將母親的臉遮住，或用兩手遮著母親的臉，再突然露出臉，遊戲的時間可長可短，可以進行各種遊戲。嬰兒也非常喜歡玩「好高、好高」的遊戲。如果嬰兒的頸部已經很穩定的時候，可以進行比較刺激的遊戲。一邊看著嬰兒喜悅的臉一邊和他一起遊戲吧！

最好選擇可以讓嬰兒自己握著的玩具，同時，選擇重量較輕的，讓嬰兒可以輕易的拿起來。因為他無法握很久，也許才剛剛拿起來，就馬上掉到臉上了。所以不要忘了一定要選擇安全玩具。

嬰兒對於拋起來之後會整個散開來的輕柔玩具，或是輕輕接觸就會發出聲音的玩具特別感到興趣。就在嬰兒看、摸、聽聲音的同時，接受了各種刺激，有助於刺激腦部的發育。

月　　　日 ＜星　期　　＞	
月　　　日 ＜星　期　　＞	
月　　　日 ＜星　期　　＞	
月　　　日 ＜星　期　　＞	
月　　　日 ＜星　期　　＞	
月　　　日 ＜星　期　　＞	
月　　　日 ＜星　期　　＞	

MEMO　　　　　　　　　　　體重　　　　kg

Health ·········· 健康

◉健康育兒

❖是否讓孩子穿太多了呢？
❖是否為孩子準備擦口水的小手帕呢？
❖尿片髒了是否立刻為孩子更換呢？
❖孩子睡覺時為他換上輕鬆的睡衣吧！

養成穿著薄衣服的習慣

嬰兒的新陳代謝非常旺盛，也很容易流汗，因此，如果讓孩子穿太多衣服的時候，會妨礙他運動。所以，不要讓孩子穿太多衣服。穿薄的衣服可以讓嬰兒的皮膚比較強健，培養體溫調節的能力，並且也比較不容易感冒。

一般人的看法是讓嬰兒和大人穿的差不多就可以了。但是有些大人穿得比較少，有些大人則穿得非常厚，所以無法一概而論。依照季節不同也有差異。一般而言，穿著短袖的內衣後再加上一件外衣就可以了。此外，再依照天氣狀況為孩子蓋上被子。冬天時有些人的房間內有暖氣設備，非常溫暖。因此，應該依照嬰兒所處環境的溫度決定穿的衣服量。

分辨嬰兒是否穿太多的方法，是母親將手伸入嬰兒的背部摸摸看，如果嬰兒流汗，表示穿太多了。如果背部冷冷的，嬰兒無法充分活動時，就表示穿太少了。因為嬰兒是藉由手腳散熱以調節體溫的，所以手腳冰冷並不等於寒冷。

睡衣代表白晝和夜晚的區別，因此，最好為孩子換上睡衣讓他睡覺。

月　　　日 ＜ 星 期　　＞	
月　　　日 ＜ 星 期　　＞	
月　　　日 ＜ 星 期　　＞	
月　　　日 ＜ 星 期　　＞	
月　　　日 ＜ 星 期　　＞	
月　　　日 ＜ 星 期　　＞	
月　　　日 ＜ 星 期　　＞	

MEMO　　　　　　　　　　　　體重　　　　　kg

Extra Advice ···· 忠告

◎安心育兒

❖ 住家附近是否有小兒科診所呢？
❖ 是否詢問鄰居對附近診所的評價呢？
❖ 緊急狀況時應該前往那家醫院呢？
❖ 健康檢查應該在相同的診所或醫院中進行。

家庭醫生

嬰兒出生時由母體接受了免疫力，因此自嬰兒出生後六個月內，不太容易罹患疾病。但是，當來自母體的免疫力降低時，罹患疾病的機會就會逐漸增加。為了事先預防，應該儘早尋找適合的家庭醫生。

位於住家附近、口碑良好的小兒科診所是最佳的選擇。如果住家附近有綜合醫院或是教學醫院時，也可以利用其中的小兒科門診。只不過到大醫院看診需要花較長的時間等待。因此，一般的小兒科診所比較適合帶嬰兒看診。

在私人診所的招牌上大多註明了醫生的專長。一般而言，小兒科和內科醫生經常結合在一起，可視為是小兒科的專門醫生。也可以向附近的媽媽們請教，了解各診所的口碑。

健康檢查最好也由家庭醫生進行。當醫生了解嬰兒平時的狀況以及體質之後，一旦遇到緊急狀況的時候，才能給予最妥善的處理。最好不要經常更換孩子就診的診所和醫院。

月　　日 <星　期　　>	
月　　日 <星　期　　>	
月　　日 <星　期　　>	
MEMO	體重　　　　kg

五個月的嬰兒

Growth ···· 成長、發育

◎成長、發育的目標

◆五個月嬰兒的狀況

　　開始動手抓取眼前的東西，而且對聲音有反應，也會朝聲音的方向轉動，會握著自己的腳，嬰兒的好奇心逐漸顯現出來。這個時期孩子用手握住物品的力量增強了，甚至會讓母親嚇一跳。此外，這個時期的孩子容易認生了。

　　有些嬰兒到了這個時期已經會翻身。不過嬰兒會翻身的時期具有個人差異。因此，在這個時期還不會翻身也不要太在意。為嬰兒蓋太厚重的棉被或是穿太厚的衣服，都會妨礙嬰兒活動，應該除去這些障礙物，為嬰兒創造一個容易活動的身體。

　　體重平均一天增加10公克。同樣也具有個人差異。只要孩子的精神狀況良好、具有食慾，不必過於拘泥孩子的體型大小。

月　　　日 ＜星　期　　＞	
月　　　日 ＜星　期　　＞	
月　　　日 ＜星　期　　＞	
月　　　日 ＜星　期　　＞	
月　　　日 ＜星　期　　＞	
月　　　日 ＜星　期　　＞	
月　　　日 ＜星　期　　＞	

MEMO　　　　　　　　　　　體重　　　　　kg

Food · · · · · · · · · · · · 食物

◎嬰兒的營養

❖給嬰兒吃斷奶食是否困難呢？
❖活用各式各樣的嬰兒食品。
❖嬰兒精神狀況良好時開始給予斷奶食品。
❖是否忘了快樂用餐呢？

開始斷奶食品

嬰兒五個月大時，可以逐漸開始給予斷奶食品。首先是一天一次，在餵奶之前讓他吃糊狀的飲食。固體的優格也可以讓他吃。可以參考市售的嬰兒食品。口味以清淡為主。因為鹽分會造成嬰兒的腎臟負擔，所以最好讓嬰兒從小習慣清淡的飲食，也可以預防將來罹患成人病。最初調理的口味以大人吃起來好像沒有什麼味道就可以了。

開始給予斷奶食品時必須少量，同時不必過度拘泥於營養成份。這個時候可以嘗試給孩子吃稀飯或蔬菜湯。吃過斷奶食品之後再讓孩子喝牛奶或母乳。吃斷奶食品的時間在任何一個餵奶時間都可以。選擇嬰兒精神狀況最好，母親也可以充分準備的時間進行。最好每天都在同一個時間讓嬰兒吃斷奶食品。

第一次當媽媽的人可能會煩惱不知道應該如何調理斷奶食品，不要想成太困難，只要觀察嬰兒的狀況再慢慢的調整，千萬不要勉強。

月　　日 ＜星期　＞	
月　　日 ＜星期　＞	
月　　日 ＜星期　＞	
月　　日 ＜星期　＞	
月　　日 ＜星期　＞	
月　　日 ＜星期　＞	
月　　日 ＜星期　＞	

MEMO　　　　　　　　　　　　體重　　　　　kg

Contact ········· 接觸

◉母親與嬰兒

❖是否回答嬰兒的喃喃自語呢？

❖是否嘗試讓嬰兒坐下來試試看呢？

❖孩子是否擁有喜歡的玩具呢？

❖是否帶孩子散步呢？

一個人遊玩

　　嬰兒在這段時期會活動自己的手和指頭，一直盯著自己的手看，或獨自握著玩具玩耍，也可能單獨玩耍。

　　這時母親只要在一旁看著他，讓他自己玩一下子也很好。這麼做可培養孩子的集中力。如果母親此時在一旁對他說話，或是想幫助他，反而會使嬰兒中斷先前的投入狀態。

　　讓孩子單獨玩一下子，一直到他哭泣並且呼喚母親的時候再回答他就可以了。否則只要在一旁安靜的照顧，確保孩子沒有安全上的顧慮就可以了。

　　當嬰兒呼喚母親的時候，母親一定要回應他。即使因為工作忙碌而沒有時間抱孩子，也絕對不可以無視於孩子的存在。可以發出聲音對他說說話，算是對孩子的一種回應。

月　　　日 ＜星 期　　＞	
月　　　日 ＜星 期　　＞	
月　　　日 ＜星 期　　＞	
月　　　日 ＜星 期　　＞	
月　　　日 ＜星 期　　＞	
月　　　日 ＜星 期　　＞	
月　　　日 ＜星 期　　＞	

MEMO	體重　　　　kg

Health ········· 健康

◉健康育兒

❖是否將嬰兒床的欄杆拉起來以防止嬰兒跌落？
❖是否任意將孩子放在沙發等地方呢？
❖是否將危險物品放在嬰兒拿不到的地方呢？
❖千萬不要給嬰兒隨手可放入嘴巴裏的小玩具。

安全對策

　　嬰兒每天不斷的成長，昨天還不會做的事情也許今天突然就學會了，翻身就是其中之一。也許你認為只是稍微離開嬰兒一下子，所以並沒有將嬰兒床的欄杆拉起來，但是卻造成嬰兒跌到地面上。也千萬不可以將嬰兒單獨放在沙發上。這個月齡的嬰兒從床上或是沙發上跌落地面的例子非常多。如果要讓嬰兒坐在學步車之中，一定要為他繫上安全帶。

　　千萬不要認為只是一下子的時間，意外事故往往都是發生在這短暫的時間。此外，必須特別注意的是，將所有的危險物品放在嬰兒的手搆不到的地方。

　　嬰兒在這個時候可以爬行或步行的範圍越來越大了。可以說是必須目不轉睛照顧的時期。

月　　　日 ＜星期　　＞	
月　　　日 ＜星期　　＞	
月　　　日 ＜星期　　＞	
月　　　日 ＜星期　　＞	
月　　　日 ＜星期　　＞	
月　　　日 ＜星 期　　＞	
月　　　日 ＜星期　　＞	

MEMO	體重　　　　kg

Extra Advice···· 忠告

◉安心育兒

❖是否將自己的嬰兒和其他嬰兒比較而感到煩惱呢？
❖嬰兒是否符合發育目標呢？
❖是否重視嬰兒的個性呢？
❖即使和育兒書籍上所寫的不一樣也不需要擔心。

發育的程度具有個人差異

　　大家都說嬰兒到了三個月的時候頸部就已經穩定了，但是我的孩子為什麼頸部還沒有穩定呢？是不是有什麼異常呢？母親經常會擔心這一點。三個月的時候頸部挺直，五個月的時候會翻身，七個月的時候會坐，這只不過是大致的標準而已。

　　嬰兒的發育程度具有個人差異。正如同每個人具有不同的個性，嬰兒也有屬於他自己的個性。如果不斷的比較孩子的異同，只會徒增煩惱而造成負面的影響，不論對母親或是對嬰兒來說都是不好的。

　　太晚吃斷奶食品、語言發育遲緩、較晚開始走路等等，不要過度擔心這些事情。母親雖然了解每個人都有差異，但是仍然會出現不安的心情。即使心中著急，也要對自己說「我的孩子就是這樣子」，要有這種心理準備。只要母親的心情穩定，則嬰兒會按照自己的步調逐漸發育成長。

　　定期接受健康檢查，並且將自己的疑問提出來和醫生商量，千萬不要單獨煩惱。

月　　　日 <星　期　　>	
月　　　日 <星　期　　>	
月　　　日 <星　期　　>	
MEMO	Weight　　　kg

★專欄★為孩子挑選玩具的方法

　　許多母親都感到很迷惑，不知道應該如何從眾多的玩具中為孩子挑選適合的種類。我們來聽聽專家怎麼說。

　　首先最重要的是，必須要配合嬰兒成長的階段，選擇適合嬰兒這個發育階段的玩具。如果選擇了比嬰兒的發育階段更困難的玩具時，嬰兒無法盡情的玩玩具，這麼一來只會使嬰兒和母親都非常焦躁。原本可以使人快樂的玩具，這時也喪失了魅力。

　　此外，不要只是給嬰兒玩具而已，重點是爸爸和媽媽應該陪嬰兒一起玩。嬰兒玩具也是和嬰兒維持肌膚之親的一項道具。如果嬰兒對於你所給的玩具沒有興趣時，千萬不要因為已經花錢買回來了就強迫孩子玩，可以暫時放在一旁，過一段時間再讓孩子玩玩看。

六個月的嬰兒

Growth···· 成長、發育

◎成長、發育的目標

◆六個月嬰兒的狀況

幾乎所有的嬰兒到了這個時候都已經學會翻身了。如果孩子想要翻身卻無法自己翻過來時，母親可以在一旁用手輕輕的推他一下，讓他了解翻身的訣竅。這時也有些嬰兒已經可以用手支撐起自己的身體，並且可以爬行一段距離了。

有些孩子會區分左右手，會將玩具從左手拿到右手。此時可以邊說「寶寶過來抓人了」，邊向孩子招手，並且用手掌握住孩子的手。這時會使用手指的孩子算是進展得非常快了。如果讓孩子握住柔軟的餅乾時，他會將餅乾捏碎。如果將手帕放在孩子的臉上時，他會自己拿開手帕。

讓孩子趴著的時候，他會將上身撐起來。這是爬行之前的準備。有些嬰兒會自己趴著並且高興的遊戲。

月　　日 <星 期　>	
月　　日 <星 期　>	
月　　日 <星 期　>	
月　　日 <星 期　>	
月　　日 <星 期　>	
月　　日 <星 期　>	
月　　日 <星 期　>	

MEMO　　　　　　　　　　　體重　　　　kg

Food · · · · · · · · · · · · 食物

◉嬰兒的營養

❖食量是否增加了？
❖用餐時是否很快樂？
❖是否強迫孩子吃斷奶食品呢？
❖可以嘗試給孩子新的口味。

斷奶食品可以一天吃兩次

　　從開始吃斷奶食品至今已經一個月了。嬰兒對於你用湯匙餵給他的流質食物，是否能含在嘴巴裏並且吞下呢？如果嬰兒將食物吐出來，你是否因此而感到非常著急呢？

　　等到嬰兒可以閉起雙唇並且吞下流質食物時，就可以嘗試讓嬰兒一天吃兩次斷奶食品了。上午或下午、白天或晚上都可以，最好利用母親容易準備的時間。每天的時間固定是最理想的。吃過斷奶食品之後，如果孩子依然想要喝奶就讓他喝吧！

　　這個時候應該開始考慮營養均衡的問題了。菜單中應該包含穀類、蔬菜、肉類、魚類等等。尤其每天都應該讓孩子吃深色蔬菜以及含豐富蛋白質的食物。

　　嬰兒的食量也具有個人差異。和大人的情形相同，有些人可以吃很多，有些人卻吃得很少。不要因為自己辛苦調理食品但是孩子只吃一些就勉強孩子多吃，應該依照孩子的狀況慢慢的增加食用量。如果全家人可以一起坐在餐桌前用餐，那麼嬰兒吃起來也會特別投入，應該可以多吃一些。如果嬰兒還是不願意吃，就在其他方面下工夫吧！

月　　日 <星　期　　>	
月　　日 <星　期　　>	
月　　日 <星　期　　>	
月　　日 <星　期　　>	
月　　日 <星　期　　>	
月　　日 <星　期　　>	
月　　日 <星　期　　>	

MEMO　　　　　　　體重　　　kg

Contact ········· 接觸

◉ 母親與嬰兒

❖ 白天是否讓嬰兒自由遊玩呢？
❖ 是否重複相同的遊戲刺激嬰兒的腦部呢？
❖ 是否經常和嬰兒說話呢？
❖ 是否將散步排入日常作息中呢？

對孩子說說話

嬰兒非常喜歡聽母親的聲音。當母親說話時，他會仔細的聽，而且不斷的裝入頭腦中。正當他不斷將資訊收入腦海中的同時，某一天他會突然開口說話。因此，母親千萬不要認為這個時候的孩子根本不知道母親在說什麼，應該不斷的對孩子說說話。

每天外出散步的時候，告訴孩子「花開得好漂亮喔」、「好舒服的風啊」等等，說什麼都可以，母親有什麼感受都可以透過語言告訴孩子。吃飯的時候、換尿布的時候、替孩子洗澡的時候，都不要忘了和孩子說說話。

嬰兒會用嘴唇發出 「不不」、「八八」時，要傾聽嬰兒說話，他會藉由聲音表達自己的慾望以及要求，適當的回應可以培養孩子豐富的感情表現。

月　　日 <星　期　>	
月　　日 <星　期　>	
月　　日 <星　期　>	
月　　日 <星　期　>	
月　　日 <星　期　>	
月　　日 <星　期　>	
月　　日 <星　期　>	

MEMO　　　　　　　　　　體重　　　　kg

Health ·········· 健康

◉健康育兒

❖生活是否有規律？

❖是否清楚嬰兒的體溫和臉色的狀態？

❖從嬰兒的排便狀況決定斷奶食品。

❖是否已經決定家庭醫生了？

第一次發燒

嬰兒來自母親的免疫力已經逐漸消失了。有些嬰兒這個時候會出現發燒的情形。因為這是嬰兒第一次發燒，所以母親會非常緊張。當嬰兒發燒時，必須找小兒科接受門診，找出發燒的原因。

許多嬰兒第一次發燒，都是因為突發性發疹這個疾病所引起的。突發性發疹的特徵是，沒有明顯的感冒症狀，但是會突然發高燒達40度，持續兩、三天，燒退的同時會出現紅色的疹子。嬰兒雖然身體發高燒，但還是很活潑，精神狀況也不差。這個疾病既沒有併發症也沒有後遺症，傳染力也很低，請不必太擔心。出疹子之前無法診斷為突發性發疹，所以當燒退之後如果沒有出疹子，就必須再度接受小兒科醫生的檢查。

在嬰幼兒的疾病之中，常見的有蕁麻疹以及水痘。發疹的情況絕大部分都是會傳染的，所以必須注意和其他小孩隔離。前往醫院之前必須先打電話告知孩子的狀況，接受醫院的指示之後再帶孩子前往就診。

月　　日 <　星　期　　＞	
月　　日 <　星　期　　＞	
月　　日 <　星　期　　＞	
月　　日 <　星　期　　＞	
月　　日 <　星　期　　＞	
月　　日 <　星　期　　＞	
月　　日 <　星　期　　＞	
MEMO	體重　　　　kg

Extra Advice···· 忠告

◉安心育兒

❖是否被陌生人抱的時候就立刻哭泣呢？

❖怕生並不是不好的事情。

❖有些孩子怕生，有些孩子不怕生。

❖怕生是成長的過程，不需要過度煩惱。

孩子是否怕生具有個人差異

　　許多嬰兒到了六個月大時，就會開始怕生。只要一看到陌生人就會開始害怕、哭泣，喜歡躲在母親身後。母親好不容易遇到熟人想要聊聊天，但是嬰兒卻非常怕生，真是令人傷腦筋。但是，怕生是嬰兒區別親人和不是親人的成長過程之一，所以絕對不是不好的反應。當嬰兒不願意的時候，千萬不要勉強他讓陌生人抱，或是和陌生人接近。當嬰兒哭泣或是發抖的時候，母親應該緊緊的抱住嬰兒讓他安心。

　　嬰兒怕生的程度具有個人差異，有些孩子一歲之後仍然非常怕生，但是也有些孩子根本就不怕生，因此無法一概而論。母親對此不必太介意，只要每天持續帶孩子到戶外散步，讓孩子和其他同年齡的孩子多接觸，和附近的鄰居打打招呼，孩子慢慢的就會習慣其他人了。

月　　　　日 ＜ 星 期　　　＞	
月　　　　日 ＜ 星 期　　　＞	
月　　　　日 ＜ 星 期　　　＞	
MEMO	Weight　　　　kg

★專欄★嬰兒游泳

　　也許很多人對於嬰兒游泳都感到興趣，但是又充滿了疑問，可以讓這麼小的孩子下水嗎？以下我們來聽聽專家的看法。通常以嬰兒為對象的游泳課程，對象是四個月到兩歲大的幼兒。

　　通常是親子一起前往游泳池，由媽媽抱著孩子在水中步行，或者是使用浮具讓孩子遊玩。嬰兒在水中可以自由的活動手腳。對於嬰兒來說，在陸地上沒有辦法做到的事情，在水裏卻能夠做到。所以，許多媽媽都會讓孩子在六個月左右開始學習游泳，同時，這也是接觸團體的第一步。

　　有些媽媽是帶著孩子來這裏交朋友，或是培養體力的。媽媽們將活動的場所從公園移到游泳池。到了假日的時候，有一半以上的孩子是由父親陪伴前來，這是親子一對一接觸、溝通的最好機會。

七個月的嬰兒

Growth ···· 成長、發育

◉成長、發育的目標

◆七個月嬰兒的狀況

　　身體的活動更為發達，以前看起來像嬰兒的身體已經開始逐漸改變了。體重一天增加5到10公克。

　　腳的力量增強，如果用手撐著孩子的腋下，他的腳會開始踢地面。坐下來的時候將身體往前傾以便拿取物品的嬰兒也增加了。手部的發育僅只於握的階段，但也有些嬰兒已經會使用手指抓東西了。

　　感情非常豐富，能夠了解被責罵或是被稱讚。也會以大聲哭泣的方式表達自己的要求。

　　這個時候會出現模仿大人的動作。只要反覆對孩子說「拜拜」，在不知不覺中孩子就學會了，母親也會感到很高興。

月　　日 ＜星　期　＞	
月　　日 ＜星　期　＞	
月　　日 ＜星　期　＞	
月　　日 ＜星　期　＞	
月　　日 ＜星　期　＞	
月　　日 ＜星　期　＞	
月　　日 ＜星　期　＞	

MEMO　　　　　　　　　體重　　　　kg

Food ‧‧‧‧‧‧‧‧‧‧‧‧ 食物

◉嬰兒的營養

❖一天吃兩次斷奶食品嗎？
❖是否已經進入蠕動期了呢？
❖食量有可能減少。
❖可以吃各式各樣的食品。

不要勉強孩子吃斷奶食品

將食物放入孩子的口中，教他閉起雙唇開始吃，讓食物在口中慢慢的滑下，讓孩子習慣這些動作之後，就進入蠕動期。一天給孩子兩次，可以用舌頭簡單搗碎的固體食品。食品的軟硬度必須適中。

菜單不要拘泥於固定的形式，必須讓嬰兒嚐各種味道。當然，這個時候必須注意營養均衡的問題。有時候可以利用市售的嬰兒食品，或是一次多做一些冷凍起來，等到大人用餐的時候再從冰箱拿出來，讓孩子和父母一起用餐，這個方式可以減輕母親的負擔。

有些嬰兒到了這段時期食量減少了。母親也許會感到很懊惱，為什麼辛辛苦苦烹調出來食物孩子卻不吃呢？這時母親千萬不要太焦躁，必須慢慢的讓孩子習慣吃東西。如果勉強孩子吃，孩子會把嘴巴閉得更緊。如果把食物擺在孩子面前半個多小時，孩子仍然不肯吃的時候，乾脆就放棄吧！

即使大人也會出現缺乏食慾的時候，所以母親們不要過於神經質。不要忘了最重要的事情就是笑臉。吃過斷奶食品之後，如果孩子還想喝奶的話就讓他喝吧！

月　　日 ＜星期　＞		
月　　日 ＜星期　＞		
月　　日 ＜星期　＞		
月　　日 ＜星期　＞		
月　　日 ＜星期　＞		
月　　日 ＜星期　＞		
月　　日 ＜星期　＞		

MEMO　　　　　　　　　　　體重　　　　kg

Contact ········· 接觸

◎母親與嬰兒

❖是否外出散步呢？

❖每天帶孩子外出兜兜風吧！

❖讓孩子和母親一起外出購物。

❖是否注意玩具的清潔？

嬰兒很喜歡到戶外

餵嬰兒一天吃兩次斷奶食品，加上家事和育兒工作等，使得母親每天都很忙碌。天氣晴朗時還必須要清洗被單、尿布、被套等，也必須要打掃、整理屋子……，白天的時間過得非常快，終於忙完家事時，想要外出散步，但嬰兒卻睡著了，因此好像經常沒有時間帶孩子外出散步。

無論如何，每天至少還是要帶孩子到戶外走一趟。孩子非常喜歡接觸各式各樣的刺激，因此當孩子起床之後，稍微將做家事的時間往後延，先帶孩子外出散步，到公園走一走，這麼一來孩子一整天都會很有精神，晚上也會睡得很好。

嬰兒每天的生活是否具有規律呢？養成早睡早起的習慣非常重要。近來晚睡型的嬰兒增加了，但是，如果起床的時間太晚了，那麼外出的時間也就減少了。因此，必須要確定每天起床和吃斷奶食品的時間。

月　　日	
＜星　期　＞	
月　　日	
＜星　期　＞	
月　　日	
＜星　期　＞	
月　　日	
＜星　期　＞	
月　　日	
＜星　期　＞	
月　　日	
＜星　期　＞	
月　　日	
＜星　期　＞	

MEMO	體重　　　kg

Health ·········· 健康

◉ 健康育兒

❖ 嬰兒的生活周遭是否有危險物品？

❖ 誤食意外第一位是香煙，因此不要任意放置。

❖ 鈕釦、硬幣的小物品是否掉落在地面上呢？

❖ 熱湯和茶等是否放在嬰兒的手搆得到的地方呢？

誤食意外

嬰兒會將隨手拿到的東西塞入嘴巴裏。因此，必須注意嬰兒的周圍不要放置能讓他塞入嘴巴的物品。

誤食意外之中最常見的是香煙。即使只吃下很少量的煙草，仍然會造成很大的危險。如果煙灰缸中有水，煙灰泡在水裏，嬰兒不小心吸入時，也會發生危險。除此之外，也必須注意地板上是否有掉落的鈕釦、彈珠或是硬幣等物品，吃下這些物品會造成呼吸困難。如果不小心打翻了桌上的熱湯，會造成燙傷。同時，也要預防孩子從沙發或是床上掉下來。

嬰兒意外事故主要是由於父母疏忽而造成的。孩子在這個時期的活動範圍越來越大。昨天還搆不到的桌子也許今天就可以碰到了，因此必須要特別留意周圍的安全，努力防範嬰兒意外事故發生。

萬一發生事故的時候，母親必須採取緊急措施。平時多學習急救的方法，並經常檢查急救箱裏的物品。

月　　日 <星　期　>	
月　　日 <星　期　>	
月　　日 <星　期　>	
月　　日 <星　期　>	
月　　日 <星　期　>	
月　　日 <星　期　>	
月　　日 <星　期　>	

MEMO　　　　　　　　　　　體重　　　　kg

Extra Advice ···· 忠告

◉安心育兒

❖是否因為嬰兒夜晚哭泣而煩惱？

❖夜晚哭泣的狀況會自然結束。

❖多想些辦法處理夜晚哭泣。

❖棉被是否太熱或是太冷了？

令人困擾的夜晚哭泣

半夜時嬰兒突然哭泣，即使抱起來還是不停的哭。嬰兒在半夜哭泣，對於母親而言是非常無法忍受的事情。嬰兒到了七到八個月大時，可說是夜晚哭泣的高峰期。原因不明，嬰兒哭泣的樣子非常多。因此，如何解決夜晚哭泣的方法也非常多。

面對嬰兒夜晚哭泣，母親的心情非常重要。如果母親非常擔心、焦急，則這種心情很自然的會傳給嬰兒。如果母親一直非常焦慮，則嬰兒哭泣的狀態就無法治好，並且會越來越嚴重。只要順其自然，則嬰兒夜晚哭泣的狀態會自然解除。將這種狀況當成嬰兒成長的過程之一，有耐心的陪伴孩子一起度過。母親晚間睡眠不足的情形，可以利用白天時間補充睡眠。

「利用白天的時間帶嬰兒到戶外盡量遊玩就可以治好夜晚哭泣」、「如果孩子夜晚哭泣，乾脆帶他出去兜兜風，改變親子之間的氣氛」、「睡覺之前讓孩子喝牛奶很有效果」等，這些方法都可以試一試。

有些嬰兒是因為白天時太過於興奮、生病或是因為外出等各種原因造成夜晚哭泣。因此，規律的生活非常重要。

月　　　日 <星　期　>	
月　　　日 <星　期　>	
月　　　日 <星　期　>	
MEMO	體重　　　kg

★專欄★防範未然

　　嬰兒的手拿到任何東西都會放入嘴巴裏。隨著嬰兒的活動範圍越來越廣，母親的眼睛一刻也不能離開嬰兒。必須將嬰兒的手可以拿得到的香煙、藥品以及危險物品等，全部都收起來。經常檢查家中的擺設及物品，這點非常重要。

　　萬一不幸發生意外事故的時候，必須馬上急救處理。可以馬上打電話到醫院的急診室詢問。

　　意外事故處理方法因化學藥品、醫藥品、動植物的急性中毒現象等而有不同。打電話時必須清楚的告訴對方嬰兒的體重、月齡，以及發生事故的時間、吞下的物品，和目前的狀況。

八個月的嬰兒

Growth ···· 成長、發育

◎成長、發育的目標

◆八個月嬰兒的狀況

　　嬰兒在這個時候已經可以自己坐起來了。也許剛開始時會一坐起來就倒下去，但是他的身體會慢慢的穩定。也會表現自我的意思，會要求母親抱他，也會拜託母親給他玩具，會發出聲音或是哭泣以表達自己的要求。也許有些母親認為不要隨意答應孩子的各種要求，但是這個時期是母親和嬰兒建立信賴關係的重要時期。千萬不可以不在乎、不關心孩子，不要表現出什麼都不知道的樣子。

　　有些孩子爬行了一段時間之後才站起來，有些孩子沒有經過爬行的階段，扶著東西就可以站起來。嬰兒的成長形式因人而異。不要過度和其他嬰兒比較而自尋煩惱。

月　　日 \<星期　　\>		
月　　日 \<星期　　\>		
月　　日 \<星期　　\>		
月　　日 \<星期　　\>		
月　　日 \<星期　　\>		
月　　日 \<星期　　\>		
月　　日 \<星期　　\>		

MEMO　　　　　　　　　　　　　　體重　　　　kg

Food ·············· 食物

◎嬰兒的營養

❖是否因為孩子一邊吃一邊玩而責罵他呢？

❖如果孩子不吃飯只顧著玩時就必須規定時間了。

❖開始慢慢的讓孩子練習用杯子喝水。

❖是否和家人一起用餐？

是否順利的給予斷奶食品

孩子已經很會用手抓東西吃了，所以當他在吃東西時候，餐桌就像戰場一樣。用手抓起盤子裏的東西就往嘴巴裏塞，臉上髒兮兮，將湯匙隨便亂丟，或是一邊吃一邊玩耍，各種亂七八糟的狀況都有可能會出現，使得母親非常沮喪。但是，這個時候還沒有辦法教孩子用餐的禮節，所以，還是讓孩子依照他自己的喜好用餐吧！

想用手抓就讓他用手抓吧，如果他想要拿湯匙，就讓他自己拿。在這段時期如果經常責罵孩子，那麼孩子就會放棄自己動手，也許到他一、兩歲的時候，還只會開口說「啊」，要母親餵他吃東西。為孩子準備嬰兒用湯匙以及餐具，母親則用其他的餐具。如果擔心餐桌被弄得亂七八糟，就為孩子鋪上容易擦拭的塑膠餐墊。母親千萬不要著急，不要過於神經質。

這個時候也可以讓孩子練習用杯子喝水。孩子剛開始的時候也許無法正確的使用杯子，但母親還是要讓孩子練習用杯子喝水或喝湯。

月　　日 〈星 期　　〉	
月　　日 〈星 期　　〉	
月　　日 〈星 期　　〉	
月　　日 〈星 期　　〉	
月　　日 〈星 期　　〉	
月　　日 〈星 期　　〉	
月　　日 〈星 期　　〉	

MEMO	體重　　　　kg

Contact ········· 接觸

◉母親與嬰兒

❖是否經常對嬰兒說不可以？

❖不可以讓嬰兒觸摸的東西就一定要收起來。

❖當嬰兒想要撒嬌或是陷入不安時，一定要讓他安心。

❖不要因為父母的情緒而禁止孩子。

「不可以」必須在最小限度內

對於任何事情都感到興趣，想要去摸一下、舔一下或是搖晃一下，孩子在這個時期對於所有事情都表現出積極性。如果母親不斷對孩子說這個很髒、那個很危險，而禁止所有的事情時，會使得孩子好不容易產生的意慾消失。

擔心被孩子弄壞，或是破裂之後會造成危險的物品，都一定要妥善收藏。對嬰兒說「不可以」必須控制在最小限度內。當孩子學會爬行之後，就會自己移動身體，朝自己想去的方向前進，這個時候必須將不要的東西、用不著的東西暫時收入櫃子裏，為嬰兒創造一個可以自由活動的空間。

但是，像接觸之後會燙傷這類真正具有危險的東西，母親就必須告訴孩子「好燙、好燙」，讓孩子感受到熱的程度，讓孩子知道接觸這個東西會受傷。禁止所有的事情無法使嬰兒了解什麼可以做，甚麼不可以做。因此，母親應該以寬大的胸襟守候在嬰兒身旁，讓他接觸新的體驗和事物。

月　　日 ＜星期　＞	
月　　日 ＜星期　＞	
月　　日 ＜星期　＞	
月　　日 ＜星期　＞	
月　　日 ＜星期　＞	
月　　日 ＜星期　＞	
月　　日 ＜星期　＞	

MEMO　　　　　　　　　　　體重　　　　kg

◉健康育兒

❖牙齒的生長時期具有個人差異，不必太在意。

❖即使牙齒長出來了，也還不需要使用牙刷。

❖牙齒有其生長順序。

❖有些孩子過了一歲之後才開始長牙。

牙齒的生長狀況具有個人差異

也許有些母親會擔心「我的孩子為什麼還沒有開始長牙」「我的孩子長牙的順序為什麼和其他孩子不一樣呢」，有些孩子在四個月左右就長出乳牙，但有些孩子在將近一歲的時候才開始長牙。甚至有些孩子出生之後牙齒就開始成長了 。

通常是由前齒上下8顆開始長，順序因人而異。如果孩子到了一歲半的時候牙齒還沒有長出來，就必須帶到牙科檢查。不過，在這個時期還不需要和其他孩子作比較，千萬不要過度擔心。

長牙之後必須注意的問題就是蛀牙。乳牙比恆齒更容易產生蛀牙的狀況，而且乳牙的蛀牙狀況會影響恆齒。當上下四顆牙齒都長出來之後，就可以開始利用牙刷刷牙了。為嬰兒準備嬰兒用牙刷，以遊戲的方式為孩子刷牙。如果孩子在一歲左右很討厭使用牙刷時，不需要勉強孩子。因為如果強迫孩子刷牙，反而會使孩子更討厭刷牙。用餐之後用開水漱口也可以達到預防蛀牙的效果。

月　　日 <星 期　>	
月　　日 <星 期　>	
月　　日 <星 期　>	
月　　日 <星 期　>	
月　　日 <星 期　>	
月　　日 <星 期　>	
月　　日 <星 期　>	

MEMO	體重　　　kg

Extra Advice ···· 忠告

◎安心育兒

❖是否擔心孩子吸吮指頭會影響牙齒的發育？

❖兩歲之前吸吮指頭不會影響牙齒的成長。

❖不要強迫孩子放棄吸吮指頭。

❖不要強迫孩子放棄吸奶嘴。

令母親非常在意的吸吮手指頭

你是否因為孩子吸手指而感到非常煩惱？你是否擔心孩子吸手指會對下顎的發育造成影響，或是影響牙齒的排列，你是否強迫孩子不可以吸手指頭。事實上，吸手指頭是孩子的精神安定劑。想睡的時候、不安的時候、緊張的時候，嬰兒就會想吸手指。孩子在這個時期吸手指頭，請母親們不必太過擔心。有些孩子甚至於將手指頭吸成長繭的狀態。

吸手指頭也不會對牙齒的排列造成影響。乳牙完全長出來的時期大約是在兩歲半到三歲之間。如果孩子在三歲之後仍然經常吸手指頭，也許對於上排的前齒，以及前齒的空隙、發音等造成影響。不過，在這個時期還不必太在意。

如果母親真的非常在意孩子吸手指頭，可以給孩子其他玩具，以便轉移孩子的興趣和注意力。或是給孩子一條手帕拿在手上也可以。在孩子的手指上塗辣椒並不是很好方法。

月　　　日 ＜星期　　＞	
月　　　日 ＜星期　＞	
月　　　日 ＜星期　＞	
MEMO	體重　　　　kg

★專欄★早期教育有必要嗎！？

　　我們經常可以看到「從0歲開始……」等有關早期教育的廣告。為了因應未來的考試，讓孩子從小開始上補習班的母親也增加了。早期教育真的有必要嗎？

　　贊成和反對的意見都不少。贊成派的主張是，為了培養孩子將來的基礎學力，在孩子吸收力最強、什麼都能吸收的時期，應該讓孩子盡量學習。而反對派則主張，重視孩子的自由發展，與其讓孩子讀書，倒不如教導孩子其他生活上的重要知識。

　　重點是，各位是否曾經考慮過，對這段時期的孩子而言，什麼才是必要的。如果過於重視知性的發育，而忽略了情緒的發育以及培育孩子的自立心，則會對孩子人格的形成產生不好的影響。如果只著重於訓練孩子的記憶，對於孩子的將來未必是好的。

　　母親比任何人更了解自己孩子，不要被各種資訊蒙蔽，必須自己下決定最重要。

　　　　　　　　　　　　　　　　　　　　　　　　　　　　　　➤

九個月的嬰兒

Growth ···· 成長、發育

◎成長·發育的目標

◆九個月嬰兒的狀況

　　孩子在這段時期會到處爬來爬去，不斷朝自己感到興趣的東西前進，過去摸摸它、或是塞入嘴巴裏，好奇心越來越旺盛。有些嬰兒在這個時期可以扶著物品自己站起來。有些嬰兒沒有經過爬行的階段就站起來了，不論發育的情況如何，都不要過度擔心。有些家長為了使孩子早一點學會走路，就讓孩子坐學步車。但是爬行可以使孩子的上半身充分活動，是一種很好的運動。與其讓孩子早一點走路，還不如讓孩子充分爬行。

　　孩子在這個時期會出現充分的意思表示，會要求自己想要的東西，對於自己不喜歡的東西會表現出排斥或哭泣。當他想被抱的時候，會伸出雙手，而且會跟在母親的身後爬行。活動力旺盛，母親在這個時期必須緊盯著孩子。

月　　日 ＜星期　　＞	
月　　日 ＜星期　　＞	
月　　日 ＜星期　　＞	
月　　日 ＜星期　　＞	
月　　日 ＜星期　　＞	
月　　日 ＜星期　　＞	
月　　日 ＜星期　　＞	

MEMO	體重　　　　kg

Food ··········· 食物

◉嬰兒的營養

❖是否將孩子的食量和其他孩子的食量相比？
❖是否創造舒服的飲食環境？
❖是否因為孩子用手抓東西而責罵他？
❖是否只讓孩子吃他喜愛的東西？

一天吃三次斷奶食品

　　孩子一天是否順利吃兩次斷奶食品了？如果孩子的食量固定，白天的喝奶量減少時，就可以進入一天三次斷奶食品了。最好分為早、中、晚三次比較理想。因此，如果孩子早上起床的時間較晚，必須早一點起床，最好在中午之前吃一次斷奶食品。讓嬰兒的生活具有規律，一天三次的斷奶食品在相同的間隔進行是最理想的狀況。

　　從蠕動期進入咀嚼期的目標是，必須將食物放在口中，充分運用舌頭和下顎咀嚼食物。香蕉的軟硬度剛好，稀飯也可以。咀嚼期是養成咀嚼習慣的重要時期。讓孩子將食物一口一口吃下去，仔細用牙齒咀嚼。孩子在這個時期對食物已出現好惡。對於孩子不喜歡的食品可以改變調理方法。

　　如果孩子的食量比較小，母親通常會拼命地想讓孩子多吃一些。如果孩子的食量小，但是卻很有精神，很活潑時，母親就不必擔心。與其勉強孩子多吃飯，倒不如讓孩子到戶外活動，只要孩子的肚子餓了，就會吃比較多。如果只待在家裏焦躁的看著孩子吃，絕對不會有效果。

月　　日 ＜星期　＞	
月　　日 ＜星期　＞	
月　　日 ＜星期　＞	
月　　日 ＜星期　＞	
月　　日 ＜星期　＞	
月　　日 ＜星期　＞	
月　　日 ＜星期　＞	

MEMO　　　　　　　　　　　體重　　　　kg

Contact ········· 接觸

◉ 母親與嬰兒

❖ 是否單獨玩自己喜歡的玩具？
❖ 逐漸喜歡積木。
❖ 是否帶孩子到戶外玩？
❖ 太困難的玩具只會使孩子焦躁。

促進發育的玩具

為孩子準備玩具也是一門大學問，並非所有玩具都可以給孩子。最重要的是配合孩子的發育階段，給他適合的玩具。如果給孩子太困難的玩具，孩子不會玩的時候會倍感壓力。

孩子在這個時期已經可以充分使用雙手了，所以可以為孩子準備一些壓或是敲就會出現反應的玩具。壓下去之後會有什麼東西跳出來，敲下去之後會發出什麼聲音，如果因為自己的動作而產生了反應，則孩子的好奇心會受到刺激，意慾也會不斷產生。

積木的玩法不只是往上堆而已，光是聽積木發出喀嚓的聲音，以及排列組合的遊戲，就能使孩子玩得很高興。此外，將紙揉成一團，或是可以變大變小的東西也可以使孩子感興趣。因此，舊報紙也可以作為孩子的玩具。

母親陪孩子一起玩非常重要。嬰兒在這段時期會模仿母親的動作，應用在他的遊戲方法上。沒有任何事情比和母親一起遊玩更快樂的了，對於孩子而言，和母親一起玩是最快樂的事情。玩具並不是促進能力的教材。最重要的是能夠愉快地玩。

月　　　日 ＜ 星 期　　＞	
月　　　日 ＜ 星 期　　＞	
月　　　日 ＜ 星 期　　＞	
月　　　日 ＜ 星 期　　＞	
月　　　日 ＜ 星 期　　＞	
月　　　日 ＜ 星 期　　＞	
月　　　日 ＜ 星 期　　＞	

MEMO　　　　　　　　　　　體重　　　kg

◉ 健康育兒

❖ 地板上是否有危險物品掉落？

❖ 是否將桌巾固定？

❖ 是否將插座蓋好？

❖ 是否有靠上去就會倒下來的物品？

安全對策

孩子在這個時期只要攀扶物品就能夠站起來，所以母親的眼睛一刻也不可以離開孩子。拉動桌巾熱湯就倒下來，看到顏色美麗的清潔劑，以為是好喝的飲料就喝了下去，孩子的好奇心有時侯會導致危險。保護孩子免受危險是周圍大人的責任。稍一不注意也許就會造成意外事故，因此，必須確認在孩子眼睛高度的範圍內，沒有危險物品。至少要確認以下事情。

• 避免會溢出的熱水。

• 熱湯不要擺在桌子上。

• 樓梯上必須設置柵欄。

• 放利刃和藥品的抽屜必須固定，避免孩子打開。

• 香煙和煙灰缸必須放在孩子拿不到的地方。

• 煙灰缸裏不要裝水。

• 花生之類的豆類應該放在孩子拿不到的地方。

• 經常注意地板上是否有硬幣或鈕釦等小物品。

• 將桌巾固定，不要讓孩子拉下來。

• 火爐應該放在安全的地方。

月　　日 ＜星期　＞	
月　　日 ＜星期　＞	
月　　日 ＜星期　＞	
月　　日 ＜星期　＞	
月　　日 ＜星期　＞	
月　　日 ＜星期　＞	
月　　日 ＜星期　＞	

MEMO　　　　　　　　　　　　體重　　　　kg

Extra Advice ···· 忠告

◉安心育兒

❖是否注意避免讓孩子感到不安？

❖是否回應孩子的撒嬌行為？

❖是否擁有充分的時間陪孩子一起玩？

❖是否認為孩子一直跟在你的身後而厭煩呢？

跟在後面追

孩子在這段時期可以自由的到處爬行、活動，無論母親走到哪裏，他就跟到哪裏。「去上廁所也要跟來，結果在門外大聲哭泣。後來還扶著門把站起來，並且把門打開，真令人傷腦筋」，有不少母親曾經有過這樣的經驗。

孩子只要有短暫的時間看不到母親，就會不安的到處尋找。對於孩子而言，母親比任何人都重要，是安心的代表。因此，母親對於嬰兒的這種信賴感應該有所回應。即使是上廁所，也要告訴孩子「媽媽上廁所喔」，千萬不要認為孩子聽不懂就不告訴他。

從這個時期到一歲左右，孩子追在母親身後的情形非常嚴重。雖然母親會覺得非常辛苦，但是千萬不要造成孩子的不安。

月　　日 <星　期　　>	
月　　日 <星　期　　>	
月　　日 <星　期　　>	
MEMO	體重　　　　kg

十個月的嬰兒

Growth ···· 成長、發育

◉成長、發育的目標

◆十個月嬰兒的狀況

孩子的腳越來越有力,可以扶著物品很輕鬆的站起來。有些孩子到了這個時候已經學會搖搖擺擺地走路了。扶著物品站起來或是搖搖晃晃走路的時期因人而異,差別可能非常大。因此,母親們不要因為孩子到了這個時期還不會走路而感到擔心。千萬不要勉強孩子站立或走路。

孩子喜歡接觸小的物品、壓或轉動物品,手指的機能越來越發達。甚至能夠撿起地毯上的小紙片。使用手指可促進腦部的發育。可以將一些紙片撒在地毯上,媽媽陪著孩子一起玩撿紙片的遊戲。

這個時期也可以培養孩子的記憶力,將孩子玩過的玩具全部裝在一個箱子裏,讓孩子把玩具找出來。孩子在這個時期的感情表現越來越豐富,並且有明確的意思表示。

月　日 ＜星期　＞	
月　日 ＜星期　＞	
月　日 ＜星期　＞	
月　日 ＜星期　＞	
月　日 ＜星期　＞	
月　日 ＜星期　＞	
月　日 ＜星期　＞	

MEMO　　　　　　　　　　　體重　　　　kg

Food ·············· 食物

◉嬰兒的營養

❖ 邊吃邊玩的時間以30分鐘為限。

❖ 喝母乳的孩子可以在這個時候改為喝牛奶。

❖ 不要勉強孩子斷奶。

❖ 是否讓孩子與大人一起用餐？

斷奶的時機

很多人都認為斷奶的最好時機是在一歲左右。但這並不是絕對的時間。可以經由孩子對於乳頭的依賴程度決定斷奶的時機。如果孩子在這個時期仍然非常喜歡喝奶，就應該將斷奶的時機往後延，千萬不要勉強孩子斷奶。

如果因為母親再度懷孕、必須回到工作場所、或是其他因素必須斷奶時，希望孩子完全不哭泣就斷奶是很困難的。

因為大人的因素必須斷奶時，最重要的一點是必須一步一步慢慢來。但即使是有計劃的斷奶，如果孩子對於喝奶仍然非常堅持的時候，千萬不要著急，必須慢慢來，直到孩子接受。

斷奶之後如果母親有脹奶的現象，可以利用冰敷減少疼痛，也可以逐漸減少擠奶的量。

月　　日 ＜星期　＞	
月　　日 ＜星期　＞	
月　　日 ＜星期　＞	
月　　日 ＜星期　＞	
月　　日 ＜星期　＞	
月　　日 ＜星期　＞	
月　　日 ＜星期　＞	

MEMO　　　　　　　　　　　　體重　　　　　kg

Contact ········· 接觸

◉母親與嬰兒

❖ 是否讀故事書給孩子聽？
❖ 讓孩子坐在膝蓋上，感受一起讀故事書的快樂？
❖ 讀圖畫書可以開啟嬰兒的興趣。
❖ 利用反覆讀故事書可以促進孩子的語言發育。

嬰兒與圖畫書

什麼時候開始讀故事書給嬰兒聽比較好呢？是否覺得嬰兒在這個時候根本還聽不懂？當孩子爬累的時候，就讓他坐在母親的膝蓋上，以遊戲的感覺讓他讀故事書。

母親對孩子說的話對於孩子的語言發育具有重大的影響。我們在日常生活中所使用的語言只是一個形式。讀故事書給孩子聽對於孩子而言是一個完全不同的世界，可以使孩子接觸到更廣大的語言世界。透過反覆讀故事書，孩子可以得到重複的刺激。在這時候還不必教孩子說話，母親和孩子一起享受愉快的圖畫書時間，孩子一定會表現高度的興趣。

月　　　日 ＜星期　　＞	
月　　　日 ＜星期　　＞	
月　　　日 ＜星期　　＞	
月　　　日 ＜星期　　＞	
月　　　日 ＜星期　　＞	
月　　　日 ＜星期　　＞	
月　　　日 ＜星期　　＞	

MEMO	體重　　　kg

Health ・・・・・・・・ 健康

⦿健康育兒

❖是否只待在屋裏玩？
❖前往公園時是否讓孩子離開嬰兒車遊玩？
❖玩沙的時候必須避免孩子將沙子放入口中。
❖白天盡量讓孩子活潑的運動。

到戶外遊玩

　　孩子非常喜歡到外面散步，讓孩子離開嬰兒車，在廣大的草坪上遊玩也非常好，不要只待在狹窄的室內。對於孩子而言，到戶外遊玩可以非常自然的活動，可以和大自然接近，發現嶄新的世界，接觸泥土和沙的感覺也非常好。等到孩子學會走路之後，就讓他穿上鞋子。這個時期可以讓孩子盡量玩沙，但是母親必須注意避免孩子將沙放入口中，以免發生危險。

　　母親可以準備餐盒帶孩子到戶外，享受和平時不一樣的氣氛。也許這個時候平時食量很小的孩子也變得胃口大開。此外，也可以享受和同年齡的孩子一起用餐的快樂。

　　母親們可以在公園裏交換心得。對母親而言也是調整心情的好方法。有些母親會煩惱無法加入其他的母親團體中，也許因為這一點而使得母親不想前往公園，其實根本不必太在意，只要輕聲和其他人打招呼就可以了，不必勉強自己加入其他母親團體，因為帶孩子到公園的最大目的並不是母親和母親之間的交往，而是為了讓孩子到戶外遊玩。

月　　日 <　星　期　　>	
月　　日 <　星　期　　>	
月　　日 <　星　期　　>	
月　　日 <　星　期　　>	
月　　日 <　星　期　　>	
月　　日 <　星　期　　>	
月　　日 <　星　期　　>	

MEMO　　　　　　　　　　　　體重　　　　kg

Extra Advice ···· 忠告

◉安心育兒

❖是否因為孩子的語言發育遲緩而在意呢？
❖母親是否經常和孩子說話？
❖停止用兒語和孩子說話。
❖在孩子面前說話不要太快，也要避免說髒話。

語言發育具有個人差異

孩子到了這個時期，有些已經會發出「媽媽」、「爸爸」等簡單的單字了。語言的發育和運動能力一樣，每個孩子的情形都不太相同。有些孩子十個月大時就開始說話，但也有些孩子到了一歲半才開始說話。母親往往會因為孩子語言的發育較為遲緩而擔心是否異常。但是只要孩子在一歲六個月的時候能發出兩、三個單字，就應該沒有問題，不必過度擔心。不要著急，配合孩子的狀況慢慢啟發孩子。

母親是孩子的模仿對象，在二、三歲的孩子身上常常可以發現母親說話的模式。母親是否偶爾會在孩子面前說「笨蛋」等髒話呢，孩子會立刻模仿母親說話。這個時期也必須停止對孩子說兒語。為了培養孩子正確的發音，說話的速度不要太快，同時也必須特別注意用字遣詞。

月　　日 <　星　期　　>	
月　　日 <　星　期　　>	
月　　日 <　星　期　　>	
MEMO	Weight　　　kg

★專欄★如何為孩子選擇圖畫書

　　關於選擇圖畫書的方法，專家提供了許多意見。

　　首先是，選擇「讀起來令人感到很快樂的書籍」，比起書本的內容，閱讀時的心情更重要。如果父母親讀書時感到很快樂，就會將這種心情感染給自己的孩子。相反的，如果自己讀起來都感到沒什麼意思，孩子也會感受到這種心情。

　　此外，孩子接觸書本時也許會揉捏、拉扯，或是拿來聞一聞，這些都是孩子的讀書方法，千萬不要責罵他。認同孩子讀故事書的方法很重要，不要拘泥於孩子是否了解書中的內容。讓孩子接觸書本時擁有愉快的心情才是最大的重點。

十一個月的嬰兒

Growth ···· 成長、發育

◉成長、發育的目標

◆十一個月嬰兒的狀況

　　有些孩子高大、有些孩子嬌小、有些孩子較胖、有些孩子較瘦，孩子的體型具有明顯的個人差異。大致目標是，一歲時的體重是出生時的3倍，身高是出生時的1.5倍。大部分的孩子都是在這個時期開始練習走路。有些孩子在一歲生日之前練習走路，有些在這個時期會攀扶物品站起來，對於孩子來說，必須保持平衡自己站起來是很辛苦的事情。母親千萬不要一直比較孩子之間的差異，而認為自己的孩子發育遲緩。安心的在一旁照顧孩子的成長。

　　孩子到了這個時期已經可以了解簡單的字彙的意思，例如「放下」、「拜託」等等。可以開始教導孩子一些不能做的危險事情。

120

月　　日 <　星　期　　>	
月　　日 <　星　期　　>	
月　　日 <　星　期　　>	
月　　日 <　星　期　　>	
月　　日 <　星　期　　>	
月　　日 <　星　期　　>	
月　　日 <　星　期　　>	
MEMO	體重　　　　kg

Food ・・・・・・・・・・・ 食物

⊙嬰兒的營養

❖一天三次斷奶食品是否順利進行？
❖給孩子喝太多牛奶會影響正餐。
❖一天喝400cc牛奶。
❖孩子的牙齒能夠充分咀嚼就能和大人吃一樣的食物了。

斷奶食品的終點

有些孩子一次可以吃下一碗點心，有些孩子一次只能吃二、三口，孩子的食量各有不同。即使孩子的食量小，只要體重正常，並且活動力旺盛，母親就不必太擔心。千萬不要因為孩子的食量小，就讓他依賴牛奶。因為如果孩子喝下足夠的牛奶，已經產生滿腹感時，就沒有辦法再吃下其他的食物了。如果孩子已經學會使用杯子，就可以跟奶瓶說再見了。

如果孩子一天可以順利吃三次斷奶食品，而且已經學會用牙齒充分咀嚼，則吃斷奶食品期結束。但是，孩子真正能和大人吃同樣的食物，必須等到牙齒全部長出來之後，時間大約是兩歲左右。在此之前還是要在菜單上多下點工夫。

孩子邊吃邊玩會延長飲食的時間，照顧孩子吃飯是一件非常辛苦的事情。培養孩子自己想吃東西的慾望非常重要。千萬不要拒絕讓孩子做他自己想做的事情。如果孩子只顧遊玩而不肯好好吃東西時，大約過了30分鐘後，就讓孩子離開餐桌。即使孩子吃得很少，當他離開餐桌之後，母親也不要追在他的身後勉強孩子吃東西或是責備他。在吃下一餐之前，讓孩子喝沒有甜分的水，讓孩子在下一餐之前保持空腹的狀態。

月 日 <星 期 >	
月 日 <星 期 >	
月 日 <星 期 >	
月 日 <星 期 >	
月 日 <星 期 >	
月 日 <星 期 >	
月 日 <星 期 >	

MEMO　　　　　　　　　　體重　　　kg

Contact ········· 接觸

◉母親與嬰兒

❖孩子是否經常學習電視機講話？

❖是否將電視機當成孩子的朋友？

❖給孩子玩具，或是帶到戶外，給孩子各式各樣的刺激。

❖是否注意孩子看電視的距離？

電　視

　　只要一打開電視，大人就好像鬆了一口氣，覺得電視是最好的保母。因此許多母親會將孩子放在電視機前，也許這對於母親處理家務來說非常方便，但是，對於孩子的眼睛健康以及生活規律會造成不良影響。所以，最好還是不要讓孩子一直看電視。

　　隨著電視普及，現在已經有許多適合幼兒的電視節目。可以在嬰兒和母親的生活中，選擇合適的看電視時間。生活規律非常重要，一天中觀看電視的時間最好不要超過2小時。用餐的時候盡量將電視關起來，這點非常重要。

　　如果將孩子放在電視機前，則孩子會在不知不覺中越來越靠近電視。母親必須隨時注意，讓孩子和電視機保持兩公尺的距離。

月　　日 ＜ 星 期 ＞	
月　　日 ＜ 星 期 ＞	
月　　日 ＜ 星 期 ＞	
月　　日 ＜ 星 期 ＞	
月　　日 ＜ 星 期 ＞	
月　　日 ＜ 星 期 ＞	
月　　日 ＜ 星 期 ＞	

MEMO   體重   kg

Health ········· 健康

◉健康育兒

❖是否注意孩子蛀牙的問題？

❖是否為孩子準備嬰兒牙刷？

❖是否教導孩子刷牙的方式？

❖這個時期還不需要使用牙膏。

預防蛀牙

當孩子上下四顆牙齒都長出來之後，就可以培養孩子刷牙的習慣了。首先，讓孩子使用幼兒用牙刷，以他喜歡的方式，讓孩子將牙刷伸入嘴巴裏隨便刷動，接下來讓孩子將頭靠在母親的膝蓋上，由母親幫他刷牙。購買適合為孩子刷牙的牙刷，以拿鉛筆的方式拿著牙刷，可以一邊唱歌一邊為孩子清潔牙齒。當然，也有些孩子非常討厭牙刷，如果孩子非常排斥時，就不要勉強他，否則，只會使孩子越來越討厭牙刷而已。讓他看其他孩子或是大人刷牙，孩子就會慢慢養成刷牙的習慣。

飲食生活對於預防蛀牙而言是非常重要的。吃太多甜食、喝太多果汁，或者是吃太多零食，都容易造成蛀牙。而且，當孩子習慣甜的味道之後，對於其他口味就會極力排斥。

可以將孩子帶往牙科診所塗氟。塗氟可以使孩子的牙齒表面更堅固，避免蛀牙。

月　　日 ＜星 期　＞	
月　　日 ＜星 期　＞	
月　　日 ＜星 期　＞	
月　　日 ＜星 期　＞	
月　　日 ＜星 期　＞	
月　　日 ＜星 期　＞	
月　　日 ＜星 期　＞	

MEMO　　　　　　　　　　　體重　　　　　　kg

Extra Advice ···· 忠告

◉安心育兒

❖是否情緒化的責罵孩子？

❖是否威脅孩子造成孩子的恐懼？

❖遇到危險狀況時必須教導孩子。

❖父母親的說法是否一致？

責罵孩子時

許多母親在孩子將近一歲時，就會開始教導孩子什麼是好的事情、什麼是不好的事情。但是，如果過度希望孩子早一點自立，孩子也許會出現被拋棄的感覺。

對於孩子而言，母親的存在最能讓他感到安心。因此，在孩子兩歲之前，對於他的撒嬌行為都應該給予適當的回應。讓孩子了解母親非常疼愛他，也培養孩子體貼他人的心。

但是，孩子不可以做的事情，還是要絕對禁止，這是非常重要的一點。對於孩子而言，最不好的影響就是，剛才還可以做的事情現在卻不可以做了。如果雙親的說法缺乏一貫性，孩子將無所適從。

教導孩子的方式一旦決定之後，就不要輕易更改。不要出現父親說可以、母親卻說不可以的情形。父母親應該充分溝通，再決定教導孩子的方法。

有關生命安全的危險行為，從這個時期開始就要確實的教導孩子。

月　　　日 <　星　期　　＞	
月　　　日 <　星　期　　＞	
月　　　日 <　星　期　　＞	
MEMO	Weight　　　　kg

★專欄★如何為孩子選擇鞋子

專家的看法如何呢？

「孩子在零歲到三歲之間，腳部平均每年成長1.4到2公分，腳心也形成了。孩子所穿的鞋子對於他的成長會造成很大的影響，所以一定要為孩子選擇合腳的鞋子。」選擇鞋子的注意事項如下：

1. 腳尖部分必須有5mm的寬度。腳趾上方應該留有空間。一般人通常會替孩子選擇較大的鞋子，但還是要配合孩子的腳。而且每 3 到 4 個月要替孩子更換鞋子。

2. 選擇腳部容易活動，腳跟堅固的鞋子。

3. 鞋底不可太硬，注意鞋子彎曲的弧度。弧度正確的鞋子才方便孩子跑跳。

4. 鞋子必須耐衝擊，鞋墊的性能也很重要。

5. 鞋子的高度必須適中，選擇支撐性良好的鞋子。氣墊式的鞋子也不錯。

開始日期的記錄

眼睛隨著物體移動 月 日

手能夠握東西 月 日

頸部穩定 月 日

會翻身 月 日

會坐 月 日

會爬行 月 日

會扶著物品站立　　　　　　　　　　　月　　日

開始走路　　　　　　　　　　　　　　月　　日

單獨站立　　　　　　　　　　　　　　月　　日

單獨走路　　　　　　　　　　　　　　月　　日

長出第一顆牙齒　　　　　　　　　　　月　　日

吃斷奶食品　　　　　　　　　　　　　月　　日

一歲生日記錄

長這麼大了

身高　　　cm 體重　　g 頭圍　　cm 胸圍　　cm

記錄

生日這一天　　　星期　　　天氣

一歲時的手形、腳形

拍攝手形的日期　　　　年　　月　　日

拍攝腳形的日期　　　　年　　月　　日

一年的成長曲線

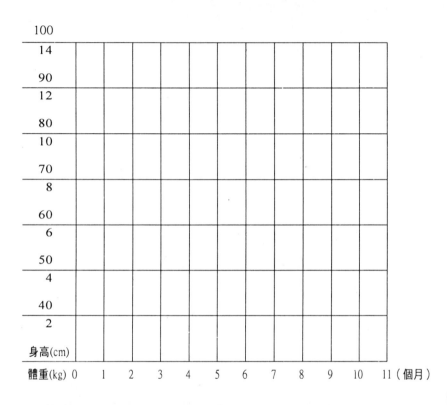

100											
14											
90											
12											
80											
10											
70											
8											
60											
6											
50											
4											
40											
2											

身高(cm)

體重(kg) 0　1　2　3　4　5　6　7　8　9　10　11（個月）

檢查乳幼兒身高和體重平衡的標準，稱為考普指數。一般而言，考普指數在15到20之間，15以下太瘦，而20以上則太胖。但這只是一個大致的標準而已。只要孩子的健康狀況良好，不必太在意考普指數。

$$考普指數 = \frac{體重\ (g)}{身高\ (cm)^2} \times 10$$

新手媽媽的
安心育兒情報

嬰兒運動發達的順序

0 月胎兒的姿勢

1 月已能稍微抬起下顎

2 月能抬起肩部

3 月想抓住塑膠環

4 月稍加扶持即能坐穩

5 月坐在母親膝蓋上並能
以單手抓住玩具

6 月能坐在椅子上，並用
手抓住移動的物體

7 月能坐得很穩

8月稍加扶持略能站立

9月能扶住牆或抓住東西站立起來

10月會爬行

11月牽著他的手即能向前行走

12月能抓住家具站立起來

13月已能爬樓梯

14月能自行站立

15月能自己行走

嬰幼兒健康診斷

• 嬰幼兒健康診斷的目的

　　請看母子手冊。從 1 個月健診到 6 歲為止的健診記錄都要仔細的記載，即使嬰兒看似健康，但是一定要定期帶嬰兒去做健康診斷。

　　健診的第一目的，就是希望能夠早期發現疾病或異常。尤其是 1 歲以前的嬰兒還不會說話，沒有辦法清楚表達自己的想法。大約到 3 歲左右才會表達自我意識。因此，嬰兒在這個時期如果生病了，也很難儘早發現。

　　定期接受健診，就能夠及早發現隱藏的疾病或異常狀態。因為孩子的疾病比成人的進展得更快，所以早期發現早期治療非常重要。因此，一定要定期接受健診，這點非常重要。

　　另一個目的就是，當母親對於育兒有什麼擔心的問題時，也可以和醫師直接商量。「脖子還沒辦法挺直是不是異常呢？」、「不會說話是不是太慢了呢？」等等，母親在孩子成長的階段中，會陸續發現很多不安的內容。因此，藉此機會也可以和醫師商量，這也是健診的目的之一。感到在意或不安的時候，可以儘量提出問題，以消除自己的不安。

　　因此，健診時，首先要做的就是，將你所感到擔心、令你不安的事情先記錄下來一起帶去，接下來，想問的事情當面詢問醫師。如果沒有事先記錄下來，到時候想問時可能已經忘記要問什麼了。衛生所中也會有營養師，因此，可以和他商量有關於斷奶食的問題。

健診不單只是一種健康檢查，應該將它巧妙活用在育兒的方面。

• 健診的時期和實施場所

健診大都是在衛生所進行，或是由父母親直接帶嬰兒前往各地的醫療院所接受健診。但有些醫院也接受個人負擔的健診。

健診實施的次數和時期，公定的標準大約是 3～4 個月，請參考兒童健康手冊上的時期。實施的次數也可視個人的需要而增加，但必須由自己負擔費用。定期接受仔細的檢查最重要，不要忘記定期接受健診。如有疑問時可以洽詢當地的衛生所。

• 接受健診時應注意事項

在衛生所接受團體健診時，一次聚集了很多嬰兒在混雜的環境中等待。遇到授乳時間請不要忘記準備牛乳。此外，孩子可能等得不耐煩，因此，不要忘記為孩子準備喜歡的玩具前往，到時候就很方便了。

另外，也要準備尿布、一套替換的衣服、母子手冊，以及相關的通知書等都要帶去。如果有問卷的話必須事先填入，想要詢問的問題也要事先記錄下來一起帶去。

健診必須要在健康狀態下進行。如果孩子當天感冒或發燒的話就不要接受健診。通常有寬限期間，只要過幾天再接受就好了。詳情可直接向各地衛生所洽詢。

• 各種健診的重點

〔1 個月健診〕

一個月健診，是為了綜合觀察嬰兒的發育狀態。必須

要測量身高、體重、胸圍和頭圍，調查營養狀態是否足夠。這時如果經判斷為體重增加不足時，就要接受授乳指導等。

此外，也要仔細觀察股關節是否有脫臼的現象，只要能在這個時期發現，就能即早治癒。關於頸部挺直的診察方面，也會一併檢查是否有斜頸的現象。

利用聽診器聽心音和呼吸，觀察心臟或呼吸系統是否異常，這時可能會出現雜音。不過，這個時期的雜音經過一段時間之後通常就會消失。但是如果醫生建議進行精密的儀器檢查時，必須要在較早時期接受檢查。

此外，也會調查原始反射。原始反射包括，將手指擺在嬰兒的手掌上時立刻會緊握的把握反射；手指放入口中就會開始吸吮的吸啜反射；還有突然開始移動部分身體時，嬰兒會張開雙手，做出想要抱住的姿勢的莫羅反射；還有扶助腋下讓他站立時腳會站立或彎曲的自動步行等。檢查這些反射觀察是否有神經機能異常的現象。

此外，還有肚臍狀態、黃疸有無等，全身都必須做檢查。

〔3～4個月健診〕

這個健診最大的重點，就是要知道脖子是否已經挺直了。即使還沒有非常挺直，但是如果趴著的時候脖子能夠上抬，只要仰躺時抓著他的雙手將他抬起來的時候，頭能夠挺直就沒問題了。

從嬰兒看不到的方向，發出聲音呼喚他時，如果臉能夠朝向聲音發出的方向，則表示視覺和聽覺都已經發達。

測量身高、體重，看看體重是不是順利增加，並且要確認身高體重的平衡與否。

這個健診大都在衛生所進行。此外，營養師也會進行斷奶食的指導，保健護士會進行預防接種說明和生活指導。

〔6～7個月健診〕

本次健診要觀察嬰兒靠著東西坐下以及爬行的狀態，觀察肌肉狀態及全身的情況，調查運動機能是否順利發達。

測量身高、體重了解身體的發育狀態，手的機能，喃語發出的方式等等。對於嬰兒發育狀態非常在意的母親，想要了解到底具有多少程度的個人差異等不安的問題，在這時也可以提出疑問。

這個時期必須做的檢查，就是關於神經芽細胞瘤的檢查，藉著驗尿就可以了解嬰兒特有的癌的發生的問題。通常在三個月健診時，就會給母親檢驗紙或是用郵寄的方式送到家中，因為是過了6個月之後進行的檢查，所以可能會忘了帶去，一定要注意這一點。如果手邊沒有檢驗紙的話，最好向衛生所洽詢。

〔9～10個月健診〕

是否能坐、是否會爬，是否能扶著東西站立等等，運動機能的發達是檢查的重點。觀察腳的活動、手的活動，調查發達是否異常。

是否能抓住小東西等，手指的機能也要檢查。

由身高體重觀察營養的狀態，有問題的話就要進行斷奶食的指導。

此外，有牙齒的煩惱等也要詢問。

〔1歲健診〕

1歲的健診費用大都必須由個人自己負擔。

重點在於腳的運動機能，只要能扶著東西站立就可以了。

此外，同時也要調查是否能夠了解簡單的話語，由大人說「拜託」、「放下」等等，觀察孩子的反應。而這時也可以檢查聽覺是否異常。

〔1歲6個月健診〕

健保給付這次檢查的費用，衛生所也可以接受這種健診。

這次健診的重點在於步行，檢查是否能夠一個人走路，此外，還要觀察手指機能的發達。讓孩子看圖畫書，讓他指出他知道的東西的名稱，或是當說出這個東西的名稱時，孩子是否會回頭看。觀察整體身體機能和情緒的發達，也要進行生活習慣的指導。

此外，還有一個檢查重點，就是了解孩子能說多少字彙。

這個時期也實施牙科方面的諮商，為牙齒塗氟或是答覆對於牙齒發育狀況的煩惱和不安等，為了進一步了解，一定要積極參加。

〔3歲健診〕

這次健診大都也可以在衛生所接受健診。

檢查孩子不使用手時自己是否能夠單獨爬樓梯，是否能單腳站立，檢查整體運動機能。

此外，是否能用蠟筆畫圈，是否會用剪刀等，觀察手指機能的發達狀況。

是否會說自己的名字，是否會自己換衣服，是否能和朋友一起玩，必須檢查心靈的發達以及自立的狀態。

此外，有些單位也進行視力與聽力的檢查。

除此之外，還有 4 歲健診和 5 歲健診等，孩子 0～1 歲大時，許多母親隨著孩子的成長會過於神經質，經常感到擔心，到了這個時期可能已經不那麼擔心了。但這個時期的健診可以當成心靈發達和生活習慣等的自立標準，所以一定要積極的接受一年一次的健診。

預防接種

• 為何要接受預防接種呢？

　　有關於預防接種的實施方法和制度，以往法律規定嬰兒有接受預防接種的義務，但是現在則是採用建議預防接種的『獎勵接種』方式。所以是由父母自行判斷是否接受預防接種。因此，父母對於預防接種必須要有一定的知識，必須了解能夠預防何種疾病以及會產生何種效果。

　　與疾病戰鬥的抵抗力稱為免疫力。嬰兒在母親的肚子裡的時候，透過胎盤可以得到來自母親的免疫力。不過，這個免疫力會逐漸減弱，在 1 歲時幾乎完全消失。

　　失去來自母體的免疫力之後，必須自己製造出免疫力，而製造免疫力的方法，就是生病或是接受預防接種。

　　「一旦得過麻疹之後就不會再得麻疹了」，相信大家都聽過這種說法。也就是說，得過一次麻疹之後，身體對於麻疹就產生了免疫，但是嬰兒可能因為罹患麻疹感染肺炎，進而引起中耳炎等，可能出現很多併發症，嚴重時甚至可能會危急生命。除了麻疹之外，可透過預防接種預防的疾病，如果是經由自然感染的方式，有時可能會留下嚴重的後遺症，甚至會危急生命安全。

　　預防接種則是將疾病的根源，也就是病毒或是細菌的毒性減弱之後的物質注射到體內，不會造成生病只會製造出免疫。能夠預防疾病，或是即使罹患疾病之後，也能使疾病的症狀減輕，這就是預防接種的目的。

• 預防接種的種類和接種方法

　　預防接種包括健保給付的『獎勵接種（定期接種）』，

或是只有需要接種的人為配合必要接受的『任意接種』這
兩種。

獎勵接種的內容包括小兒麻痺、BCG、三合一(DPT)
疫苗、麻疹、德國麻疹、日本腦炎等。任意接種的是內容
則包括腮腺炎、水痘、流行性感冒、B 型肝炎等。

獎勵接種在決定期間接種的話就免費，詳情可逕洽向
各地區衛生所。

任意接種是採用自費負擔方式，費用依預防接種的種
類不同而有不同。此外也依施行接種的醫院不同，費用也
有不同。

接種的方法，小兒麻痺是吞服活疫苗，BCG 是採用
蓋戳方式，三合一(DPT)則是採用注射方式，依預防接種
不同而有不同。此外，接種的次數有的接受 1 次，有的接
受 4 次。所以要事先了解內容，該接受幾次就接受幾次。

團體接種和個別接種也有差距。團體接種是在衛生所
聚集接種對象的兒童，以團體方式進行預防接種。像小兒
麻痺或是 BCG 最常採用這種方式（依各地區不同有些差
距）。而其他預防接種則是個別接種，可以到直接就診的
醫院接受個別接種。因醫院的不同，可能規定預防接種的
日子是在每週的星期幾等。接受預防接種時，必須事先和
醫院洽詢。

• 預防接種與副作用

許多父母會擔心副作用的問題，而不願意讓孩子接受
預防接種。事實上，在體內注射已經減弱毒性的病原體的
一部份，或是使毒素無法發揮的『疫苗』進入體內，仍然
是一種異物進入體內，不能說絕對不會出現副作用。

會出現何種副作用，則因預防接種的種類不同而有不同。出現的機率是十人中有一人會出現發燒或發疹的現象，或是一百萬人中只有一人會出現的副作用等。

但是，必須了解的是，副作用會比實際得了這種疾病時的症狀更輕。所以，如果擔心副作用而不知道是否該接受預防接種的話，那麼只要比較想要預防的疾病的嚴重性和副作用就好了，也可以和醫師商量一下。

●預防接種的理想時間表

預防接種在嬰兒滿３個月後開始接受，有的則是在過了一歲之後才能接受。所以可以接受的年齡事先已經規定好了。

從３個月到１歲為止，可以接受的預防接種包括，小兒麻痺、BCG、三合一（DPT）等一期。小兒麻痺在各地區實施的時間是春季和秋季，儘可能不要錯過這個機會，事先計劃接受這種預防接種的時間。BCG 如果採團體接種時，依地區不同接種日也有差異。三合一（DPT）則是間隔３～8週接種３次。必須觀察嬰兒體調安排時間表。

此外，麻疹在１歲之後接受。麻疹傳染力很強，一旦與感染的人接觸幾乎都會受到感染，因此，１歲之後立刻接受接種就可以安心了。

１歲以後，注射過麻疹疫苗之後，可以接受三合一（DPT）一期的追加接種。３歲之前必須接受德國麻疹，３歲之後必須接受２次日本腦炎，翌年則要接受日本腦炎的追加接種。不過這只是一般的做法，如果因為感冒等疾病，就無法按照時間表進行接種了。此外，雖然想要接種麻疹疫苗，但是在德國麻疹流行的時候，還是先接種德國麻

疹較好。應該如何排定接種表,最好和經常就診的醫師仔細商量之後再決定。

• 接受預防接種的注意事項

接受預防接種時,首先必須考慮的是嬰兒的體調。如果嬰兒發高燒等,事先判斷已經生病的話,就不可以接受預防接種。但是如果是流鼻水或是吃壞肚子的話還是可以接受接種。這時最好和醫師商量後再決定是否可以接種。

接受預防接種之前,必須仔細閱讀預防接種的說明書『預防接種與兒童健康』。必須了解為了預防何種疾病而接受何種預防接種,以及副作用的情況、會有什麼副作用出現等,都必須事先了解。在接受預防接種之前的說明書,也設定了保護者是否閱讀說明書的檢查項目。

此外,在預防接種的前一天,必須為孩子洗澡保持身體清潔。

當天要檢查嬰兒的食慾和心情等是否和平常不一樣,然後事先填妥健康手冊或注射單,將兩者一起帶往接種的衛生所或醫院去。

到了衛生所或醫院之後,首先要先測量嬰兒的體溫。體溫如果在37‧5度以上的話,就不能接受預防接種。但是,如果嬰兒的平常體溫原本就很高的話,可以和預診的醫師商量這個問題。

預防接種之前必須接受醫師的預診,這時,醫師可能會針對嬰兒的狀況提出一些問題。因此,一定要由非常熟悉嬰兒狀況的人帶他去接受預防接種。這樣的話對於預防接種有疑問時,也可以直接詢問醫師,等到了解之後再接受。

預診結束之後要接受預防接種，接種後大約３０分鐘最好留在那兒觀察嬰兒的狀況，萬一突然出現副作用的話，也可以立刻接受醫師診察。

　　回家之後可以過著平常的生活，但是不要做一些劇烈運動或外出等，儘可能保持靜養，不要摩擦或玩弄接種部分。

　　關於活疫苗（小兒麻痺、BCG、麻疹、德國麻疹等）的副作用，有的會在２～３週內出現，接種後要觀察發燒、發疹等嬰兒的狀況，這點非常重要。

•各種預防接種的方式與重點

小兒麻疹

　　①獎勵接種。經口投予活疫苗。

　　②理想的接種時期與次數……３個月到１歲６個月之間，間隔６週以上進行２次，小兒麻痺疫苗有３種，１次接種沒有辦法得到全部的免疫，因此必須接受２次。

　　③預防的疾病……小兒麻痺。一旦感染小兒麻痺之後，會出現類似感冒的症狀，然後有可能造成手腳麻痺。目前由於預防接種普及，幾乎不再看到小兒麻痺流行的現象了，不過在某些國家地區還仍然流行。

　　④接受時的注意事項……如果嚴重下痢時，不可以接受接種，因為即使接受疫苗，在形成免疫之前也會隨著糞便排出體外，如果症狀不是很嚴重的話，可以在預診時和醫師商量。

　　接種後３０分鐘內如果出現嘔吐現象，則疫苗沒有辦法保留在體內，因此必須和醫師商量，決定是否再接種一次。

為了避免嘔吐，在接種前後３０分鐘不可以授乳或給予食物。

⑤副作用……幾乎沒有。

BCG

①獎勵接種，是以蓋戳的方式將活疫苗壓入體內。

②理想的接種時期與次數……３個月到１歲為止時是１次，先注射結核菌素，４８小時之後判斷陰性再接種ＢＣＧ。

③預防疾病……結核。結核是肺部感染結核菌所引起的疾病，一旦嬰兒感染時，情況可能會更嚴重。

④接受時的注意事項……結核的免疫在出生時並沒有從母體中得到，因此過了３個月之後，要趕緊接受預防接種。

接種後必須留在接種場所等到乾了為止，大約１０分鐘左右就會乾，但是在這期間不能觸摸或者是被衣物碰到。

⑤副作用……１００人中有１人會出現腋下淋巴結腫脹的現象，不過會自然痊癒。偶爾接種的部分會化膿，所以接種部分一定要保持清潔。

三合一疫苗（DPT）

①獎勵接種，注射於手臂。

②理想的接種時間與次數……１期為３歲到１歲為止，隔了３～８週總共接種３次。第３次接種之後，過了１年～１年半時要追加接種１次。第２期則是去除百日咳疫苗，在 11 歲～12 歲接種１次二種混合疫苗。

③預防的疾病……預防３種疾病，Ｄ是指白喉，Ｐ是指百日咳，Ｔ是指破傷風。不論是罹患哪一種疾病有時都

可能危急生命，是非常可怕的疾病。

④接受時的注意事項……接種三合一(DPT)之前，如果得了百日咳的話，那麼就接種去除百日咳的兩種混合疫苗。

⑤副作用……接種部分會腫脹發紅，不過會自然痊癒，嚴重時接受醫師的診察。

麻　疹

①獎勵接種。注射於手臂。

②理想的接種時期和次數……１歲～２歲之間接種１次。

③預防的疾病……麻疹。高燒持續１週以上，會發疹的疾病，如果是嬰兒罹患麻疹，可能會危及生命或是留下障礙。

④接受時的注意事項……麻疹的傳染力很強，因此，如果哥哥姐姐得了麻疹，或者是附近鄰居和托兒所的兒童流行時，必須和醫師商量，即使不到１歲也可以接種。

⑤副作用……接種後會發燒、發疹，如果持續發燒的話最好去看醫師。不過，幾乎都不需要擔心。

德國麻疹

①獎勵接種。注射於手臂。

②理想的接種時期和次數……１～３歲之前接種１次。

③預防的疾病…德國麻疹。症狀比麻疹輕微，但是偶爾可能會引起腦炎等併發症。此外，在懷孕初期感染的話，會造成先天性德國麻疹症候群，會造成胎兒異常的例子。

④接受時的注意事項……很多人認為是輕微疾病，但是，建議各位最好接受預防接種，尤其是女性將來可能會

懷孕，因此，事先接種才能安心。

⑤副作用……幾乎沒有。

日本腦炎

①獎勵接種。注射於手臂。

②理想的接種時期和次數……1 期為 3 歲，間隔 1～4 週接種 2 次，4 歲時要追加接種 1 次，2 期則是 9～10 歲時接種 1 次，3 期則是 14～15 歲時接種 1 次。

③預防的疾病……日本腦炎。是經由蚊子叮咬而感染的疾病。重症時腦部留下障礙，屬於會危急生命的疾病。

④接受時的注意事項……在蚊子較多的夏季前接受較好。

⑤副作用……偶爾有發燒發疹的現象。但是，幾乎都會自然痊癒，不用擔心。

腮腺炎

①任意接種，注射於手臂。

②理想的接種時期和次數……1～6 歲之間接種 1 次。

③預防的疾病……腮腺炎。在學童期感染的機會比嬰兒時期更多，耳下會腫脹，10 人中會有 1 人會引起腦炎或無菌性髓膜炎，而留下重聽的後遺症。如果在青春期以後感染的話，男性會得睪丸炎，女性會得卵巢炎。此外，也可能會成為不孕的原因。

④接受時的注意事項……屬於任意接種，所以費用必須由個人來負擔，依醫院不同而有不同。

⑤副作用……數千人中有 1 人出現無菌性髓膜炎，但是，與實際感染腮腺炎時的可能性（10 人中有 1 人）相比，機率比較少。

水 痘

①任意接種。注射於手臂。

②理想的接種時期和次數……1歲之後接種1次。

③預防的疾病……水痘，傳染力很強，會發燒，全身出現水泡，屬於會發疹的疾病，而且發疹之後可能會留下疤痕。

④接受時的注意事項……屬於任意接種，所以費用由個人負擔。

⑤副作用……偶爾會有發燒、發疹的現象出現。

流行性感冒

①任意接種，注射於手臂。

②理想的接種時期和次數……3歲以後隔2～4週接種2次。

③預防的疾病……流行性感冒。A型、B型之外有各種種類，依年度不同流行的類型也不同。即使去年接受過預防接種，不見得今年就不會得流行性感冒。

④接受時的注意事項……因為是任意接種，所以費用由個人負擔。此外，由於流行性感冒的疫苗是使用蛋，所以，有蛋過敏現象的人不可以接種。

⑤副作用……偶爾會有發燒、發疹的現象出現。

B型肝炎

① HBe 抗原陽性的母親生下的嬰兒可以免費接受預防接種，其他的人如果希望接種時，也可以進行任意接種。

②理想的接種時期和次數……出生後6個月之前接種。

③預防的疾病……B型肝炎，因為會造成母子感染，所以母親如果是 HBe 抗原陽性的話，在生產過後就要立

刻進行適當的處置。

　　④接受時的注意事項……HBe 抗原陽性的母親在懷孕中就要接受醫師的指示。

　　⑤副作用……幾乎沒有。

生病時的家庭看護

• 注意嬰兒疾病的重點

還不會說話的嬰兒，即使痛苦也只能夠哭泣而已。因此，平常照顧嬰兒的母親一定要儘早發現嬰兒的疾病。

如果哭泣的方式與平常的不同、臉色不好、沒有食慾，感覺與平常不一樣的時候，就要仔細檢查嬰兒的全身狀態。

①是否發燒？

測量嬰兒的體溫。一般測量體溫的方法，是將體溫計插在腋下。這時要充分擦乾腋下的汗水，靜靜的測量。此外，水銀體溫計和電子體溫計有若干的不同，因此，要用平常所使用的體溫計來測量。

利用平常嬰兒的狀況正常時使用的體溫計，在同樣時間內測量體溫，知道嬰兒的平時體溫，這點非常重要。

②心情如何？

判斷嬰兒疾病的重點之一就是心情的好壞，如果就算有點發燒，但是心情很好的話，就不用擔心了。相反的，雖然沒有發燒，但是心情不好，則可能是某些地方有毛病。

③臉色如何？

有的嬰兒的臉色本來就不好，有的嬰兒的臉色是血色很好的粉紅色。必須將嬰兒的臉色和平常的比較一下，如果突然變得倉白，那就要注意了。

④是否形成顆粒？

嬰幼兒的疾病通常都容易發疹。此外，可能因為尿布疹而疼痛哭泣。因此，必須要仔細檢查嬰兒的全身。

⑤食慾是否減退？

與平常相比,授乳量或斷奶食的食量等,是否有變化,一定要仔細觀察,不見得就是疾病,但一定有原因。

⑥糞便的狀況如何？

體調的變化會出現在糞便中,因此,要和平常比較糞便的次數和狀態。

⑦是否睡得很好？

雖然睡著了,但是立刻又清醒。睡不熟或者是啼哭,可能表示疼痛或者是痛苦。

除了上述幾項之外,眼屎、耳溢液、咳嗽、流鼻水、流口水等,出現與平常不同的狀態,就要找醫師診治。嬰兒的疾病與大人的相比,進行的比較快,儘早發現疾病,同時,母親也要做適當的判斷。

● 藥物的高明服用法和使用法

糖漿的服用法：

糖漿中大都有藥物,因此,在服用之前必須要充分搖晃。

服用的方法,首先是使用滴管,將糖漿滴入口腔臉頰內側,這時,要注意糖漿是否滴入嬰兒的喉嚨深處。如果嬰兒能用杯子喝水時,則可以將糖漿倒入小的玻璃杯中,還不會使用杯子的嬰兒,則讓他躺下來,含著奶瓶用奶嘴,然後將糖漿滴入奶嘴中讓他吸吮。藥用的哺乳瓶可在市面上買到,可加以利用。

糖漿在開封後要放入冰箱裡保存,吃剩的藥不能夠保存就要趕緊丟掉。

藥粉的服用方法：

藥粉要用少量的溫開水調勻，用手指沾抹塗在嬰兒口
腔臉頰的內側，塗抹藥物之後，要讓嬰兒喝溫開水或牛乳，
讓藥物吞下。

　　藥粉和糖漿兩者一起服用時，可以事先將兩者混再一
起，然後，再按照餵孩子喝糖漿的要領讓他喝下。

　　混入藥粉喝的時候，最好加入溫開水或果汁。如果混
入牛乳中，可能造成孩子討厭喝牛乳。

塞劑的使用方法：

　　經常當成退燒藥的塞劑，放入時要讓嬰兒仰躺，雙腳
抬起，將前端較細的地方插入肛門，用拇指往裡面推，按
住一會兒暫時不要放手。

　　塞劑的保存法是放在冰箱裡。塞劑遇到體溫就會溶
化，因此，放在室溫中也會溶化。此外，塞入時，如果一
直用手拿著，可能會變軟，很難塞入。因此，要儘快進行。

藥膏的使用方法：

塗抹藥物時，皮膚要先保持清潔之後再塗抹。醫院處方的藥膏的軟管和盒子非常像，因此，可能不知道是哪種藥，保存時必須先在軟管或包裝盒上寫明是誰的藥、什麼時候拿的藥、用來治療何種疾病等，使用起來比較方便。

眼藥的使用方法：

很多嬰兒不喜歡眼藥，點眼藥的時候要讓嬰兒仰躺，母親用兩膝夾住嬰兒的頭，即使嬰兒不喜歡也不能讓他移動，這樣才能順利的點藥。

服藥的時間與次數：

藥的使用方法，原則上要遵守醫師的指示。如果 1 天服用 3 次的話，必須要遵守次數的指示。如果服藥的時間是嬰兒睡午覺的時候，不要把他叫起來，就算時間有點差距，等他醒來後再餵藥也無妨。但是，如果醫師指示就算孩子睡著也要把他叫醒服藥的話，就遵從醫師的指示。

● 生病時的飲食

即使大人在體調不好的時候，食慾也會減退，嬰兒的情形也相同。為了治療疾病而勉強將有營養的食物餵給嬰兒吃，可能會使他的食慾更為減退。孩子生病的時候，如果仍然具有食慾的話，可以按照平常的方式授乳或給予斷奶食。但是，如果嬰兒不想吃的話，就不要勉強他。

孩子生病的時候，母親不要光考慮到營養的問題，應該要配合嬰兒的喜好，給他愛吃的食物。

吃斷奶食的嬰兒，可以將食物的軟硬度調整為前一個時期的軟硬度，將食物煮軟以後再給他吃。如果不喜歡吃斷奶食，光是授乳也無妨。尤其出現下痢或嘔吐等症狀時，必須給他容易消化吸收的食物。柑橘類的水果、油分較多

的食物，儘量不要給予。

如果孩子真的沒有食慾，光是補充水分也無妨。發燒或下痢時特別容易引起脫水症，這時就必須要加強補充水分。

因為生病而暫時不給斷奶食時，不要立刻恢復到斷奶食的飲食，軟硬度以及量都要調整，慢慢回復到原先斷奶食的階段。

• 生病時的沐浴

原則上發燒時不可以洗澡，如果沒有發燒而且心情很好的話，就算有一點點咳嗽、流鼻水的症狀，也可以讓他泡澡，但是不可以長時間泡在浴缸裡，否則會使因為生病而疲勞的身體增加更多的負擔。

泡澡不只能保持身體的清潔，同時也能使循環順暢，循環順暢就不容易疲倦。在寒冷的季節時要事先保持浴室的溫熱，而且泡澡時間不要太長，這是生病時泡澡的重點。

發燒時在退燒的第二天也不要泡澡，否則有可能再度發燒。

不能泡澡的時候，可以用擰乾的熱毛巾擦拭身體，如果因為下痢而臀部骯髒時，可以在洗臉盆中放溫熱水，只要清洗臀部或是沖洗臀部即可。

如果不知道是否該泡澡，受診時可以請教醫師，徵求醫師指示即可。

• 發燒時的照顧

嬰兒因為氣溫的變化或被子蓋得過多、衣服穿得太多

時，都可能會發燒。一旦發燒時不要慌張，必須檢查是否有發疹現象，臉色是否不好，心情如何，仔細為嬰兒檢查全身狀態。

發燒是要將體內的病原菌趕出體外的一種反應，所以不要勉強退燒。

有的母親會立刻用退燒藥為孩子退燒。但是，退燒藥雖然能夠退燒卻不能治好疾病，退燒藥只是暫時使孩子的身體舒服而使用的藥物，使用退燒藥時一定要遵從醫師的指示。此外，接受診察之前不可以使用退燒藥退燒。

當然，孩子持續發高燒時，父母會擔心對腦部造成不良的影響。但是，如果只是單純發燒的原因，對腦部不會造成障礙。

發燒時，有時要溫熱身體，有時要使身體冷卻，其目的就是要使嬰兒覺得舒服。此外，也可以緩和疼痛，當然也具有一些治療效果，但是不可能直接治療疾病。

如果剛開始發燒，孩子的手腳非常冰冷，可以多蓋一條被子或是在腳部放熱水袋保溫。但是不可以將熱水袋直接擺在嬰兒腳上，這樣才能避免太燙，防止低溫燙傷。

一旦發燒之後，衣服要穿得比平常更少一些，這樣才能保持涼爽。有的母親為避免孩子寒冷，因此，當孩子發燒時會不斷給他蓋被子，雖然頭冷卻但卻保持身體的溫熱。大人只要出出汗就可退燒，但是嬰兒不可能因為出汗而退燒，反而會造成熱度上升。

因為發燒而全身發熱時，必須要保持冷卻，頭部必須睡冰枕冷卻，這樣子就會覺得很舒服而容易熟睡。但是如果孩子不喜歡的話，不要勉強使用，可以使用市售的貼在額頭使頭冷卻的冷卻袋。

發高燒時，要保持整個身體的涼爽，但是注意不可以太冷。

此外，退燒時會流汗，所以要勤於更換衣物。

發燒時水分會流失，因此，一定要好好的補充水分，給他吃容易消化、清爽的食物。

出生後不到1個月的嬰兒，如果發燒達３８度以上時，可能是重症疾病，必須要趕快送到醫院去。

●嘔吐時的照顧

嬰兒嘔吐時把他抱起來就輕鬆多了，但是不要立刻抱起來，等到不再吐的時候再抱起來。

嘔吐時要讓嬰兒的臉朝向側面，免得嘔吐物阻塞呼吸道。睡覺時也可能會嘔吐，因此，稍微將從頭到背部的上身抬起讓他睡覺。

嘔吐時最需要注意的，就是要補充水分，多嘔吐幾次之後可能會引起脫水症。剛吐過之後就讓他喝水的話，可能還會再吐出來，因此，必須觀察狀況，一點一點分好幾次補充水分。

●下痢時的照顧

下痢時的照顧，最重要的就是與嘔吐同樣要補充水分。一旦下痢時，身體的水分缺乏，嚴重時還會引起脫水症。

觀察脫水症的重點，就是排尿次數和量減少，嘴唇乾燥，缺乏元氣，全身無力等等。重症時可能會休克或是陷

入昏睡狀態。

有的母親認為，吸取太多水分反而會使下痢症狀更嚴重，但是這種想法是錯誤的。必須讓嬰兒喝嬰兒用的離子飲料或者是冷開水、粗茶、蘋果汁等。如果嬰兒想喝的話就盡量讓他喝。但乳酸飲料或是蘋果汁以外的飲料可能會使下痢更嚴重，不要給予。

給予斷奶食時，要給予前一階段軟硬度的食物，太油膩的食物、纖維較多的食物、冰冷的食物、糖分較多的食物都不可以給予。

如果沒有食慾的話，暫時可以不用給予斷奶食。等到下痢痊癒後，再度實施斷奶食的時候，不要立刻恢復原先的飲食，要從斷奶初期從新做起，慢慢恢復下痢前的狀態。

授乳要具有一定的間隔時間，餵他吃平常的量，就沒問題了。但是如果嬰兒不想吃的時候，也不要勉強給予。

下痢時的另外一個照顧重點，就是要防止尿布疹。下痢時的糞便比平常的糞便更容易沾黏在屁股上，而且排便的次數增多，所以臀部容易出現尿布疹。

下痢嚴重時，即使發燒也不能夠泡澡。每次排便都要用溫水沖洗臀部。不光是洗淨臀部而已，也要保護嬰兒的小屁股，避免因為頻繁擦拭糞便造成刺激而傷害了小屁股。

● 咳嗽時的照顧

孩子咳嗽時，如果心情好，臉色也一如往常，不會覺得特別痛苦時，就不用擔心了。咳嗽是要將進入喉嚨的病原體或分泌物趕出體外而產生的作用。因此，不要任意使用止咳藥。

因為咳嗽劇烈而沒有辦法進食，或睡不著時，則要遵從醫師的指示使用止咳藥。

嬰兒咳嗽時，將其抱起輕拍背部，或是讓他坐起上身就會比較輕鬆了。如果因為有痰而咳嗽時，則要讓他喝冷開水，較容易化痰。此外，如果是乾咳時，則必須使用加濕器等以提高房間的溫度，嬰兒就會感覺比較舒服。

房間內乾燥對於支氣管不好。使用暖氣時必須注意房間乾燥的問題。濕度保持在 60～65％最理想。此外，每小時都必須開窗更新空氣。

室內的空氣汙濁也會成為咳嗽的大敵。仔細去除灰塵，不可以在嬰兒生活的房間吸煙。

咳嗽有時會伴隨嘔吐現象。因此，要給予容易消化的食物。

• 發疹時的照顧

幼兒的疾病包括麻疹和水痘等容易發疹的疾病。一旦發疹時，發疹的顏色和形狀、是否發癢、出現在身體的哪個部位等，必須仔細觀察發疹的狀況。

此外，是否發燒也是檢查的重點，察覺到發疹時就要測量體溫，以了解是先發疹，還是發燒和發疹同時出現，必須詳細向醫師說明，以上說明對於診斷疾病原因而言，是非常重要的要素。

如果屬於會發癢的發疹，一旦抓癢時症狀會更加嚴重，因此，為了避免嬰兒在無意識中抓癢，必須保持手的清潔，將指甲剪短或是戴上手套等，以防止抓傷。

• 抽筋時的照顧

　　嬰兒第一次抽筋時，可能會使母親慌了手腳。但是，保持鎮靜最重要，不要大聲叫他的名字或是搖晃他。

　　抽筋幾乎在幾分鐘之內就會停止，如果持續5分鐘以上，就要趕緊叫救護車。抽筋的時間長度很重要，一旦抽筋時一定要觀察時間。

　　發生抽筋時，首先要讓孩子靜躺。將衣物放寬鬆後讓他靜躺，因為有可能會嘔吐，所以要讓臉朝向側面，避免嘔吐物阻礙呼吸道。

　　有些人為了避免孩子咬到舌頭，因此會在牙齒和牙齒之間塞東西讓他咬住，但是這樣會阻礙孩子靜躺，絕對不要這麼做。

• 到醫院時的重點

　　帶嬰兒去醫院時，必須詳細向醫師說明症狀。出門之前最好先準備便條紙，將症狀記錄下來。什麼時候開始什麼症狀，現在狀況如何，與平常的情況相比，到底有哪些變化等等，如果能夠具體的說明，對醫師的診斷將有很大的幫助。

　　診察結束之後，關於到底是何種疾病、今後會出現何種症狀、泡澡和飲食等家庭看護要點、下一次的診察重點等，都要向醫師詢問。

　　拿回的藥物是何種藥物、應該如何服用、症狀停止之後是否還要持續服用藥物等等，也一定要好好的請教醫師。

　　前往醫院時不要忘了帶健保卡、母子手冊、病情記錄的便條紙、尿布、一套換洗衣物、毛巾、衛生紙、裝髒的

尿布或嘔吐物的塑膠袋等前去。

夜間或休假日時，如果嬰兒生病的話，必須要趕快送到急救醫院。為了以防萬一，必須事先調查夜間和休假日時能夠看診的醫院。

但是，在寒冷的夜晚時把發燒的嬰兒帶出戶外，並不是最好的方法。必須仔細觀察狀況，確認應該立刻送到醫院，還是可以等到早晨。父母保持鎮定以判斷應變法是非常重要的一點。

帶到醫院去的東西

健保卡　　尿布　　病情記錄的便條紙

母子手冊　　換洗衣物　　毛巾

塑膠袋　　衛生紙

與嬰兒一起外出

●安排時間表必須配合嬰兒

和嬰兒一起外出時，首先必須考慮嬰兒的體調。如果感覺嬰兒稍微發燒或是和平常不一樣的話，就不要勉強帶他外出。

要帶嬰兒外出，至少要等到嬰兒三個月大以後才可以。儘量避免到人群聚集的地方去，嬰兒的抵抗力較弱，如果帶他去擁擠的人群中，不知道會感染到什麼樣的疾病。

除了為了健診不得不帶嬰兒外出，或是因為回鄉生產而要帶嬰兒回家的情況之外，儘可能不要在嬰兒月齡還小的時期外出。

此外，因外出的時間不同，授乳或斷奶食應該如何處理、尿布和換洗的衣物、睡著了應該怎麼辦等，都要事先做好萬全準備，才可以應付所有的狀況。

外出時應該攜帶的物品如下：

- 用來調節體溫或者是睡午覺時可以蓋的大浴巾
- 裝髒尿布或是嘔吐物的塑膠袋
- 衛生紙和毛巾、紗布
- 母子手冊和健保卡
- 換洗的衣物一套以上
- 尿布和擦拭臀部的濕巾
- 奶瓶（如果會使用吸管的話可以使用吸管形水壺）
- 牛乳方面一定要準備能夠將每一次分量分開的奶粉盒和裝熱水的熱水瓶。

165

此外，嬰兒喜歡的玩具、配合季節要戴的帽子等也不要忘記。

• 巧妙活用出門用品

　　與嬰兒外出的必須品，就是揹帶和嬰兒車，這樣才能讓母親的手空出來，不必一直抱著嬰兒。選擇容易使用的揹帶、嬰兒車，就可以舒舒服服的出門。

　　揹帶要等到嬰兒的脖子挺直之後才可以使用。可以將嬰兒揹在背後或是抱在胸前。市面上可以買到各式各樣不同的揹帶，可以根據需要選用。

　　購買揹帶時必須要實際試用，選擇能夠牢牢固定住嬰兒，而且適合母親身材的揹帶。

　　揹帶的好處，就是可以讓嬰兒和母親緊緊的貼在一起，對嬰兒而言會產生一種安心感，而對母親而言，不管是爬樓梯還是搭車等，都能夠和嬰兒一起移動，非常方便。

　　嬰兒車包括 A 型與 B 型兩種。A 型是能夠讓嬰兒躺下來的嬰兒車，如果是月齡較低的嬰兒，可以安心使用這一型。

　　B 型則是讓嬰兒坐著時可以使用的輕便型嬰兒車。7 個月大的嬰兒才可以使用，因為可以摺疊而且很輕，所以搭乘車子或巴士時，用一隻手摺疊好之後就可以抱起嬰兒上車。

　　外出的地點以及東西的多寡、外出的時間等，都要多加考慮，選擇對嬰兒和母親而言都不會造成負擔的外出。

• 利用情報雜誌

　　最近適合家庭利用的餐廳，或是可以帶嬰兒前往的購物區增加了。

在餐廳內設有遊樂室，大人可以輕鬆享受用餐之樂，也提供兒童專用的餐巾，或有專為兒童設計的菜單等，這一類型的餐廳非常多，非常方便全家一起外出用餐。

百貨公司也為嬰兒和母親設立了休息室、授乳室、換尿布的地方、斷奶食餐廳、托兒設施等。為母親們安排了非常便利的設備，供母親帶嬰兒前往。此外，甚至有些地方還可以進行育兒諮商。

最近，也發行了滿載這些可以帶嬰兒前往情報的情報雜誌。只要巧妙活用這些情報，那麼和嬰兒一起外出也變成輕鬆愉快的事情了。

但是原則上不要帶嬰兒到擁擠的人群中，絕對不要忘記這一點。

•利用交通工具的重點

和嬰兒一起搭乘電聯車等公共交通工具時，基本上要避免擁擠的時間，不要在通勤的時間前往。否則不僅會造成嬰兒的痛苦，同時也會造成周圍眾人的麻煩。此外，車內冷暖氣太強的話，必須要注意更換嬰兒的衣物。夏天時要準備毛巾，以避免嬰兒吹到太冷的冷氣；冬天時因為暖氣太熱，則必須準備可以隨時脫下來的服裝。

有些母親即使在電聯車上，仍然讓嬰兒坐在嬰兒車上。但在車上將嬰兒車摺疊起來是一種禮貌。即使帶著嬰兒非常辛苦，可是也不能夠造成他人的困擾，一定要遵守禮貌。

若是自己開車出門的話，要定一個以嬰兒為主的休閒計劃。多安排休息時間，而且要注意安全駕駛。

為了維護嬰兒的安全，在座位上要附帶嬰兒座椅。即

使母親可以緊抱著嬰兒，但是遇到萬一的狀況時，恐怕也很難保護嬰兒。在強力的撞擊之下，有時嬰兒可能被拋出車外。所以，從小就要養成如果讓嬰兒乘車時，必須坐在嬰兒座椅的習慣。

利用嬰兒座椅即使遇到一些意外狀況也沒問題。嬰兒座椅必須要在嬰兒頸部挺直以後開始使用，直到 4 歲為止。

有些母親會將嬰兒抱著坐在駕駛座旁，這是非常危險的事情。如果想要保護嬰兒免於遭遇意外事故，父母親一定要仔細考慮再展現行動。

開車行經高速公路時，可利用休息區為孩子換尿布。此外，休息區也供應熱水，有些地方也販售紙尿布，所以可帶嬰兒前往。事先了解在自己行經的道路上，會有那些服務區，有哪些設施等，都必須要事先調查，這樣才能夠安心帶嬰兒外出。

搭乘火車時，火車上也備有能為嬰兒換尿布的地方。有些火車提供授乳用的車長室或是相關空間，可以在選擇火車時事先洽詢確認。

搭乘飛機也有很多適合嬰兒的服務。有些機艙內也會提供斷奶食。此外，也為嬰兒準備紙尿布和奶粉，還備有嬰兒座椅或者是尿布更換檯。有些設施必須事先預約。因此，如果要利用飛機，訂位時必須先向服務人員說明是帶嬰兒一起搭乘飛機。

• 與嬰兒一起旅行

　　嬰兒的生活規律很容易混亂，如果嬰兒能夠開口說話的話，也許他會說：「我才不想去旅行呢！」1歲大以後的嬰兒開始蹣跚學步，看到孩子搖搖晃晃走路的樣子，父母親會感到很高興。不過在此之前的旅行，只有父母才方便享受。

　　最近帶嬰兒到海外旅行的家庭增加了。但是這麼做會使父母非常累，只是忙著授乳和照顧嬰兒，沒有辦法充分享受旅行之樂。

　　計劃旅行之前，必須先考慮對嬰兒的負擔。

　　想要帶嬰兒一起旅行的話，必須儘量不要破壞嬰兒的生活規律，安排輕鬆的時間表。在附近住宿一晚的旅行應該沒問題。

　　即使已經預約行程，如果嬰兒體調不好的話，還是必須放棄原來的計劃。帶嬰兒旅行的重點如下，在安排行程時一定要仔細考慮。

①避免連續假期

　　黃金假期等旅遊旺季時，交通工具或是住宿處、觀光地等都非常擁擠。應該儘量避免帶嬰兒到擁擠的地方去旅行。

②選擇適合嬰兒的住宿地點

　　選擇住宿地點的重點就是，必須選擇歡迎嬰兒的住宿處。最近有些飯店或休閒地也歡迎顧客帶嬰兒前往，有些甚至準備了斷奶食或尿布、嬰兒椅、遊樂室等，仔細為嬰兒服務的地方增加了。

　　決定住宿地點的時候，首先要確定是否能帶嬰兒前

往，可以利用雜誌提供的相關資訊，清楚調查之後再預約。

如果讓嬰兒和母親一起睡在單人床上非常危險，所以，預約時不要忘記詢問是否備有嬰兒床。選擇合適的地點旅途將更舒適。

③只停留一處優閒的旅行

旅行時只停留在固定一處，優閒的旅行比較好。不要一直更換不同的地方旅行。帶嬰兒旅行時，全家人優閒的旅遊是最好的。所以，不要帶著嬰兒前往人太多的觀光地點。嬰兒對於環境的改變會感到困擾，儘可能將午睡、用餐時間等配合原來的習慣，即使到了旅行地點也要配合原來的生活規律。

④攜帶物品注意事項

帶嬰兒旅行的時候，必須攜帶母子健康手冊、健保卡、體溫計、退燒藥等藥品，因為環境改變的時候，孩子的身體狀況可能比較不好。更換的衣服和尿布都要多準備一些。食物也必須要準備。

⑤注意禮節

禮節是非常重要的一點，特別是外出旅行時。帶嬰兒外出旅行時，經常遭人抱怨的理由是，父母的禮節太差。在車廂內替嬰兒換尿布的時候，必須前往特定地點更換。如果車上沒有這類型場所的時候，只好在座位上更換，但是一定要向鄰座的人致歉。

對於平時沒有接觸嬰兒的人來說，可能會因為一些瑣碎的事情而感到不高興。父母平時已經習慣接觸嬰兒了，對於嬰兒的排泄等小事情已經習以為常。但是，為了避免影響周圍的人，一定要注意禮貌問題。才能使大家都能擁有愉快的旅程。

托　嬰

• 定期托嬰

托兒所：

上班族婦女感到最困擾的問題就是托嬰的問題。想要定期托嬰，首先考慮的就是托兒所。托兒所分為經政府立案的托兒所以及未立案的托兒所。

經政府立案的托兒所，職員人數、設備、採光、以及通風等都有一定的標準，因此設備比較完善。其中又分為公立和私立托兒所。而未立案的托兒則都屬於私立托兒所。如果想讓孩子上公立托兒所，首先必須先到鄉鎮市政府索取資料，各地方的申請日期不一致，必須事先提出申請。此外，各托兒所接受孩子的年齡也有差異，有些也接受新生兒。

如果想將孩子送到公立托兒所就讀，兒童福利法制定了相關的法規，父母們可參考相關規定，並確定自己的孩子是否符合就讀的標準。希望就讀公立托兒所的人數超過招生的標準時，以最需要托兒照顧的人為優先考量。

父母都有固定職業的情況，孩子想要進入公立托兒所就讀的機會，比起家中狀況特殊的孩子而言，可能機會較低。所以，希望進入托兒所的人數較多時，可能就會發生問題，因地區不同，有些必須等待一年以上的時間。

在新學年度開始的時候就進入托兒所是比較容易的方法。在學年中想要進入托兒所就讀比較困難，尤其是０歲兒更困難。

至於收費標準各托兒所不一。可多作比較。

選擇托兒所的時候，重點是不要增加接送的負擔。最好選擇住宅附近或是工作場所附近的托兒所。此外，實際到托兒所感受一下那裏的氣氛後再決定。

保母：

有些公立機構可以為一般民眾介紹保母。選擇受過專業訓練的保母比較好。將孩子送到保母家中接受保母的照顧，也是一種方法。

由於托兒所的數量有限，或是受限於地點的問題，因此許多公立機構成立了保母訓練班。

當受訓結業的保育媽媽無法進入托兒所任職的時候，就可以透過各機關介紹到家庭擔任保母。9月份的新年度開始之前，如果無法將孩子送往附近的托兒所時，有些母親會先請保母照顧孩子，直到孩子可以進入托兒所為止。

如果想讓孩子進入公立托兒所就讀，也必須將可能無法順利進入就讀的情況列入考慮，可事先向相關單位洽詢。

• 臨時托嬰

臨時保母：

臨時保母可以到家庭中照顧嬰兒，因此，突然有事情必須外出時，許多母親會請臨時保母照顧孩子。

此外，即使嬰兒平時托在托兒所，也可能因為某天必須加班，只好請臨時保母前往托兒所接送孩子。

由臨時保母照顧孩子的優點是，不必改變嬰兒的環境。保母可以到託嬰家庭中照顧孩子。此外，因為屬於一對一的照顧方式，家長們比較安心。

可以請相同的人擔任臨時保母，對於孩子而言更好。

女醫師系列

品冠文化出版社　　郵政劃撥帳號：
　　　　　　　　　　　19346241

大展出版社有限公司
品冠文化出版社

圖書目錄

地址：台北市北投區(石牌)　電話：(02)28236031
　　　致遠一路二段12巷1號　　　　　28236033
郵撥：0166955～1　　　　　傳真：(02)28272069

・法律專欄連載・ 電腦編號 58

・武 術 特 輯・ 電腦編號 10

· 趣味心理講座 · 電腦編號 15

1.	性格測驗	探索男與女	淺野八郎著	140 元
2.	性格測驗	透視人心奧秘	淺野八郎著	140 元
3.	性格測驗	發現陌生的自己	淺野八郎著	140 元
4.	性格測驗	發現你的真面目	淺野八郎著	140 元
5.	性格測驗	讓你們吃驚	淺野八郎著	140 元
6.	性格測驗	洞穿心理盲點	淺野八郎著	140 元
7.	性格測驗	探索對方心理	淺野八郎著	140 元
8.	性格測驗	由吃認識自己	淺野八郎著	160 元
9.	性格測驗	戀愛知多少	淺野八郎著	160 元
10.	性格測驗	由裝扮瞭解人心	淺野八郎著	160 元
11.	性格測驗	敲開內心玄機	淺野八郎著	140 元
12.	性格測驗	透視你的未來	淺野八郎著	160 元
13.	血型與你的一生		淺野八郎著	160 元
14.	趣味推理遊戲		淺野八郎著	160 元
15.	行為語言解析		淺野八郎著	160 元

· 婦 幼 天 地 · 電腦編號 16

1.	八萬人減肥成果	黃靜香譯	180 元
2.	三分鐘減肥體操	楊鴻儒譯	150 元
3.	窈窕淑女美髮秘訣	柯素娥譯	130 元
4.	使妳更迷人	成 玉譯	130 元
5.	女性的更年期	官舒妍編譯	160 元
6.	胎內育兒法	李玉瓊編譯	150 元
7.	早產兒袋鼠式護理	唐岱蘭譯	200 元
8.	初次懷孕與生產	婦幼天地編譯組	180 元
9.	初次育兒 12 個月	婦幼天地編譯組	180 元
10.	斷乳食與幼兒食	婦幼天地編譯組	180 元
11.	培養幼兒能力與性向	婦幼天地編譯組	180 元
12.	培養幼兒創造力的玩具與遊戲	婦幼天地編譯組	180 元
13.	幼兒的症狀與疾病	婦幼天地編譯組	180 元
14.	腿部苗條健美法	婦幼天地編譯組	180 元
15.	女性腰痛別忽視	婦幼天地編譯組	150 元
16.	舒展身心體操術	李玉瓊編譯	130 元
17.	三分鐘臉部體操	趙薇妮著	160 元
18.	生動的笑容表情術	趙薇妮著	160 元
19.	心曠神怡減肥法	川津祐介著	130 元
20.	內衣使妳更美麗	陳玄茹譯	130 元
21.	瑜伽美姿美容	黃靜香編著	180 元
22.	高雅女性裝扮學	陳珮玲譯	180 元
23.	蠶糞肌膚美顏法	梨秀子著	160 元

・青春天地・電腦編號 17

·健康天地· 電腦編號18

·實用女性學講座· 電腦編號 19

5. 女性婚前必修	小野十傳著	200 元
6. 徹底瞭解女人	田口二州著	180 元
7. 拆穿女性謊言 88 招	島田一男著	200 元
8. 解讀女人心	島田一男著	200 元
9. 俘獲女性絕招	志賀貢著	200 元
10. 愛情的壓力解套	中村理英子著	200 元
11. 妳是人見人愛的女孩	廖松濤編著	200 元

・校園系列・電腦編號 20

1. 讀書集中術	多湖輝著	180 元
2. 應考的訣竅	多湖輝著	150 元
3. 輕鬆讀書贏得聯考	多湖輝著	150 元
4. 讀書記憶秘訣	多湖輝著	180 元
5. 視力恢復！超速讀術	江錦雲譯	180 元
6. 讀書 36 計	黃柏松編著	180 元
7. 驚人的速讀術	鐘文訓編著	170 元
8. 學生課業輔導良方	多湖輝著	180 元
9. 超速讀超記憶法	廖松濤編著	180 元
10. 速算解題技巧	宋釗宜編著	200 元
11. 看圖學英文	陳炳崑編著	200 元
12. 讓孩子最喜歡數學	沈永嘉譯	180 元
13. 催眠記憶術	林碧清譯	180 元
14. 催眠速讀術	林碧清譯	180 元
15. 數學式思考學習法	劉淑錦譯	200 元
16. 考試憑要領	劉孝暉著	180 元
17. 事半功倍讀書法	王毅希著	200 元
18. 超金榜題名術	陳蒼杰譯	200 元
19. 靈活記憶術	林耀慶編著	180 元

・實用心理學講座・電腦編號 21

1. 拆穿欺騙伎倆	多湖輝著	140 元
2. 創造好構想	多湖輝著	140 元
3. 面對面心理術	多湖輝著	160 元
4. 偽裝心理術	多湖輝著	140 元
5. 透視人性弱點	多湖輝著	140 元
6. 自我表現術	多湖輝著	180 元
7. 不可思議的人性心理	多湖輝著	180 元
8. 催眠術入門	多湖輝著	150 元
9. 責罵部屬的藝術	多湖輝著	150 元
10. 精神力	多湖輝著	150 元
11. 厚黑說服術	多湖輝著	150 元

·社會人智囊· 電腦編號 24

11

12

·家庭醫學保健· 電腦編號 30

・超經營新智慧・電腦編號 31

國家圖書館出版品預行編目資料

從誕生到一歲的嬰兒日記／；林慈姮編著
－初版－臺北市，大展，民90
　　面；　公分－（家庭醫學保健；66）
　　ISBN 957-468-047-9(平裝)
　　1. 育兒　2. 嬰兒心理學
428　　　　　　　　　　　　　　　89017018

從誕生到一歲嬰兒日記　　　　ISBN 957-468-047-9

編 著 者／林　慈　姮
發 行 人／蔡　森　明
出 版 者／大展出版社有限公司
社　　　址／台北市北投區（石牌）致遠一路2段12巷1號
電　　　話／(02) 28236031・28236033・28233123
傳　　　真／(02) 28272069
郵政劃撥／01669551
登 記 證／局版臺業字第2171號
E - m a i l／dah-jaan@ms9.tisnet.net.tw
承 印 者／高星印刷品行
裝　　　訂／日新裝訂所
排 版 者／千兵企業有限公司
初版 1 刷／2001 年（民 90 年）1月

定　價／180元